最速詳解
Unity 2020
スタートブック

技術評論社

最速詳解 Unity 2020 スタートブック

CONTENTS

⚠ 本書はすべて、書き下ろし記事で構成しています。

はじめに 4

巻頭特集
ようこそUnityの世界へ
~ここが変わった！ Unity 2020の新機能~ 5

特集1
Unity 2020で学ぶゲーム開発最前線 15

第1章　スプライトの変形と2Dライティング 16
第2章　2Dインバースキネマティクス 31
第3章　新しい入力システム 49
第4章　2Dボーンアニメーション 65

特集2

新時代のUI作成　UI Toolkit　75

第1章　UnityでUIを作成する方法 76
第2章　UI Toolkitのウィンドウ作成 81
第3章　実践：UI Toolkitでエディターウィンドウを作成してみよう 88

特集3

極限まで高速化する新システム DOTS入門　99

第1章　新機能DOTSを知ろう 100
第2章　Entity Component System (ECS) とデータ指向 112
第3章　DOTSで実装してみよう 119

特集4

映像表現Timelineで魅力的な映像を作ろう　133

第1章　Unityタイムラインの仕組み 134
第2章　各トラックの解説 138
第3章　実践！タイムラインを作成してみよう 145
第4章　実践！タイムラインを扱ってみよう 151
第5章　UnityRecorderの紹介 157

はじめに

　今やモバイルゲーム開発の多くで使用されるようになったUnity。あのポケモンGoやスーパーマリオランもUnityで開発されているとのことです。

　Unityは無料です。この誰でも無料で使えるゲームエンジンを学べば、個人でもゲームを開発できてしまうのです。

　このような素晴らしい開発環境を提供してくれているUnity。今年も新しいバージョンUnity 2020が登場しました。ゲーム開発に少しでも興味があるならこれを使わない手はありません。あなたもゲーム開発の世界へ飛び込みましょう！

■本書の構成

　巻頭特集では、Unity2020の新機能を紹介していきます。現在Unityはパッケージマネージャーによる機能追加やアップデートが行われるようになっているため、特にUnity2020だけで使える新機能というわけではなく、Unity2019でも使えます。またお勧めの公式サンプルゲームも紹介しています。

　特集1では、2D用のユニバーサルレンダーパイプラインのプロジェクトを作成して、「2D SpriteShape」、2D用のライティングシステム、2D用スケルタルアニメーション、2D用のインバースキネマティクスの「2D IK」、新しくなった入力システムを紹介しています。

　特集2では、IMGUIに代わり、エディタ拡張や将来ランタイムでも使えるようになる新しいUIフレームワークのUI Toolkitを紹介しています。

　特集3では、Unityのコアの置き換えも進められている、DOTS（Data-Oriented Technology Stack）を使ったオブジェクト指向ではない、データ指向という大幅にパフォーマンスを向上させる新しい手法を紹介しています。

　特集4では、シネマティックなカットシーンなどの映像コンテンツを作成することのできるTimelineを紹介しています。

■本書の構成

本書を執筆するにあたり、特集3の1、2章を寄稿頂きました大嶋剛直氏に御礼申し上げます。

●本書をお読みになる前に

- 本書に記載された内容は、情報の提供のみを目的としています。したがって、本書を用いた運用は、必ずお客様自身の責任と判断によって行ってください。これらの情報の運用の結果について、技術評論社および著者はいかなる責任も負いません。
- 本書記載の情報は、2020年8月現在のものを記載していますので、ご利用時には、変更されている場合もあります。ソフトウェアに関する記述は、特に断りのないかぎり、2020年8月現在での最新バージョンをもとにしています。ソフトウェアはバージョンアップされる場合があり、本書での説明とは機能内容や画面図などが異なってしまうこともあり得ます。本書ご購入の前に、必ずバージョン番号をご確認ください。
- 本書で作成したサンプルプログラムは以下より入手できます。

  https://gihyo.jp/book/2020/978-4-297-11550-0/support/

- サンプルプログラムで使用したOSとUnityのバージョンは下記のとおりです。また使用したパッケージは2020年8月に使用できたものです。多くのプレビューパッケージを使用しているため今後仕様が異なる可能性があります。

OS	Windows10
Unity	Unity2019.4.0f1 ／ Unity2020.1.0f1

　上記以外の環境をお使いの場合、操作方法、画面図、プログラムの動作等が本書内の表記と異なる場合があります。あらかじめご了承ください。

以上の注意事項をご承諾いただいた上で、本書をご利用ください。

※ Microsoft、Windowsは、米国Microsoft Corporationの米国およびその他の国における商標または登録商標です。
※その他、本文中に記載されている製品の名称は、すべて関係各社の商標または登録商標です。

巻頭特集

ようこそ
Unityの世界へ
～ここが変わった! Unity 2020の新機能～

今年も最新のUnity2020が公開されました。Unityはこれからどういう目標に向かっていくのか、どういう技術や新機能が追加されているのか、これまでのUnityとどこが変わったのか、多く機能をもつUnityを私達はどのように学んでいけばいいのかを見ていきましょう。

2020年 Unityが目指すもの

　Unityは今ではゲームはもとより、自動車、建築その他の業界でも使われています。「Unity Roadmap 2020: Core Engine & Creator Tools」セッション[注1]で、そのすべてのユーザーのプロジェクトを成功させるために、より直感的なワークフローと機能追加に注力していくとのことです。その実現のために次の4つの優先事項が伝えられています。

◆ 信頼性とパフォーマンス

　TECHストリームリリースを年3回から2回に減らし、安定した環境を提供していきます。また継続的にパフォーマンスの改善を行いアップデートを行っていきます。

◆ クリエイティブワークフロー

　生産性を高めるために必要なツールを提供していきます。ここ数年で提供してきたものに、視覚的にシェーダーを作成できるシェーダーグラフ、2Dスケルタルアニメーションや2Dライトなどの2Dツール、ノードベースのエフェクト作成ツールVisual Effect Graphなどがあります。

　2020年は、既存機能の安定性やパフォーマンスの向上など、既存機能のアップデートに重点をおいていきます。

◆ スケーラブルな品質

　軽量の2Dゲームからハイエンドの3Dゲームまで、最適な効率で構築できるように取り組んで行きます。大規模なアセットのインポート速度の改善をしていきます。

　グラフィックス側では、サポートされている全てのプラットフォームへの高パフォーマンス、品質を求める場合、ユニバーサルレンダーパイプラインがUnityの推奨するレンダーパイプラインとなります。

　PCやハイエンドのコンソールゲーム機では、HDレンダーパイプラインが提供されています。今後も改善を続け、皆様のプロジェクトにリアルタイムレイトレーシングを導入していけるようにします。

　Unityのコア部分は、マルチスレッド対応でハイパフォーマンスなData-Oriented Technology Stack（DOTS）に置き換えを進め、標準で高度なパフォーマンスを提供する基盤として引き続き開発していきます。

◆ オーディエンスへのリーチ

　現在のプラットフォームはもちろん、将来出てくるであろうあらゆるプラットフォームにUnityで制作したコンテンツをユーザーに届けることが

注1）https://www.slideshare.net/unity3d/unity-roadmap-2020-core-engine-creator-tools

5

できるよう、高パフォーマンスのランタイムを開発することを目標にしています。

ARやVRのデバイスもこれからも支援していきます。またモバイルブラウザ用にProject Tinyと呼ばれる、インストールすることなく超高速で起動し、小さくて軽量そして高速なインスタントゲームを制作するランタイムも開発されています。

リリーススケジュールの変更

信頼性とパフォーマンスについては、これまでUnityは年3回のTECH ストリームリリース（開発者向け）版と、翌年のLTS（2年間の長期サポートバージョン）版のリリースを行ってきました。つまり2018版では、2018.1, 2018.2, 2018.3 と 2018.4（LTS）のリリースが行われました。

しかし2020以降は上記の優先事項を進めていくために、年2回のTECHストリームリリースとLTS版のリリースに変更となります。つまり、2010.1, 2020.2, 2020.3 (LTS)となります。

これはパッケージマネージャーの導入によって、新機能の追加や、既存の機能の修正を配布できるようになったためです。Unity本体と機能が分離できるようになったことにより、特定バージョンでしか使えない新機能ということはなくなり、パッケージが導入できるバージョンであれば、Unityのバージョンに関係なく、新機能の追加ができるようになりました。

また、パッケージ毎の機能修正も、Unity本体と関係なく迅速に配布できることが期待されます。

そのためこれからは、Unity2020だからこの新機能が使えるようになったというのではなく、2019でも使えるということになるため、Unityのバージョンによる機能の解説というよりもパッケージごとに機能の解説が必要となってくるでしょう。

このリリーススケジュールの変更に加えて、新機能をテストする意味合いも含め、より実践的なサンプルも多数提供されていきます。例えば、次期UnityコアであるDOTSとユニバーサルレンダーパイプラインの有用性を確認するための"MegaCity"サンプル、マルチプレイヤーシューティングサンプルの"FPS Sample"は既に公開されています（**図1**）。

そしてDOTSを使ったTPSネットワークゲームや大規模オープンワールドシューティングゲームも開発されているそうです。

進化し続けるUnity

それでは、最近のUnityにはどのような新しい機能が追加されているのでしょうか。パッケージマネージャーによって続々と新しい機能が追加されています。2019年あたりから追加された興味深い機能と変更点をみていきましょう注2。

注2） 現在使用できるプレビュー版や開発中のものも含みます。

◆図1　FPS Sample

ようこそUnityの世界へ
～ここが変わった! Unity 2020の新機能～

◆ UnityエディタのUIの見た目の変更

2019.3からUnityエディタのUIはフラットなデザインに変更されました（図2）。アイコン、フォント、視覚的フィードバックなど更新され、見やすくなりました。高解像度のモニターでも文字がきれいになりました。

◆ エディタ内アセットストアの廃止

2020.1でこれまでUnityエディタ内の一つのウィンドウとして存在していたアセットストアがなくなり、通常のブラウザでWeb版のアセットストアを使うことになりました。購入したアセットのダウンロードとインポートはパッケージマネージャーで管理されるようになりました[注3]。

◆ DOTSに移行

現在、UnityのコアはDOTSという技術に置き換える開発が進められています[注4]。DOTSはマルチコアプロセッサで高速にゲームの処理を行うことができます。

プログラム面においては、オブジェクト指向の設計からデータ指向に移行します。処理の単位がゲームオブジェクトからエンティティと呼ばれるものに変わります。従来のGameObjectもこのエンティティへ変換する手段も用意されています。

アニメーション、物理エンジン、ネットワーク、Cinemachine、オーディオ、ビデオというようなあらゆるUnityの基盤をDOTSへ移行中です。

◆ HDレンダーパイプライン（HDRP）

2019.3から正式なリリースとなった、物理ベースレンダリングを使った、高性能PCやコンソールゲーム機向けの実写のような高解像度グラフィクスを実現することに重きをおいたレンダーパイプラインです[注5]。

2020.1でストリーミング仮想テクスチャは、カスタムバージョンのHDRPを使用したテストプロジェクトとして公開されています。全てのミップマップテクスチャを読み込んでおくのではなく、カメラから見えている箇所のレベルのミップマップテクスチャのみをストリーミングによって読み込み、GPUメモリを節約します。

HDRPではGPUアクセラレーションとリアルタイムレイトレーシングのサポートが含まれていま

注3）パッケージマネージャーによる管理方法は巻末コラムを参照してください。
注4）DOTSに関しては特集3で解説しています。
注5）レンダーパイプラインに関しては特集1、1章で解説しています。

◆図2　UnityエディタのUI

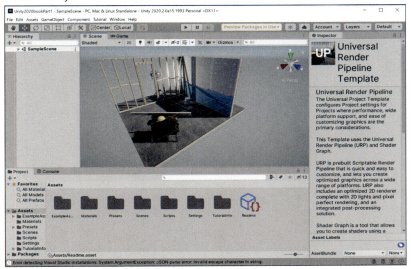

す。リアルタイムレイトレーシングは、非常に現実的で美しい映像を作ることができるため、予め映像を作成しておける映画などで使われてきました。しかしゲームのようにリアルタイムに変化する状況に対応してレンダリングを行うには高い処理能力が必要でした。レイトレーシング機能をもつGPUの登場により実現できるようになりました（図3）。

ユニバーサルレンダーパイプライン（UniversalRP）

ユニバーサルレンダーパイプライン[注6]は、主にモバイルデバイスをターゲットとして高画質グラフィックスを実現する高速で拡張性のある描画を実現するために開発されました（図4）。コンソールやPCにも使用できます。Unityのデフォルトのレンダーパイプラインにすることを目標としています。

ライティング

ハイエンドプラットフォーム向けレンダリングエンジン HDRPがリリース版となり、ライトの品質が大幅に向上しました。HDRPのライティングはGPUを活用した物理ベースでリアルなグラフィックスを実現します。

GPUライトマッパー機能により、ライトマップのベイク速度が大幅に高速になりました。

2020.1では、Lighting Settings Asset 機能でライト設定を保存して使い回せるようになりました。

新しい入力システムの追加

従来のInputManagerで入力を取得する方法に

注6）ユニバーサルレンダーパイプラインに関しては特集1の1章で解説しています。

◆図3　HDRPのデモ

◆図4　ユニバーサルレンダーパイプラインのポストプロセッシングエフェクト

変わり、新しい入力システム[注7]では、キーボード、マウス、ゲームコントローラーやモバイルデバイスのタッチなどの物理的な入力とゲームコードが処理する論理的なアクションを分離しています。そのことにより、入力方法の変更や新しい入力デバイスの対応にプログラムを変更する必要はなくなります。

2D ライトの追加

ユニバーサルレンダーパイプラインでは、これまでにはなかった2D用のライト[注8]が追加されました。法線の情報となる画像を用いると、2Dのスプライトに陰影をつけることもできるようになりました。

PSD インポーター

フォトショップのPSBファイルをレイヤー単位で分割した状態で位置や順序を保持したままインポートすることができるようになりました[注9]。これは2Dアニメーションのスケルタルアニメーションを作成するときにパーツを分割したまま画像を取り込めることになります。

2D アニメーション

2Dのスケルタルアニメーション[注10]が追加されました。ボーンを用いたスプライトアニメーションを作成することができるようになりました。

2D スプライトシェイプ

スプライトをグニャグニャ曲げて、背景などを作成することができるツールです[注11]。

2D Pixel Perfect

昔のファミコン、スーパーファミコン、メガドライブのようなドット絵を使ったレトロなゲーム

を再現することができます。Unityブログには昔のゲームプラットフォームのグラフィックについて非常に詳細な解説があります。

ワールド構築

3Dモデリングとレベルデザインを合わせたようなProBuilderと、テクスチャ、色、草のオブジェクトをあたかもエアブラシを用いて色を塗るかのように地面に配置するPolybrushというツールが用意されています。

Visual Effect Graph と Shader Graph の連携

Visual Effect Graphは、従来CPUで行われていたパーティクルをGPUを使用して大幅に進化させたものです。グラフィカルにノードベースのツールを使ってエフェクトを容易に作成できます。

2019.3からVisual Effect Graphでは、シェーダーグラフで視覚的に作成した独自のピクセルシェーダーやフラグメントシェーダーを使えるようになりました。

単体のデスクトップアプリとなったプロファイリングツール

これまでUnityのプロファイラーはUnityエディタ内の同一プロセス内で実行されていましたが、別途単体のデスクトップアプリとしても実行できるようになりました。これにより、エディタ内で実行される場合に比べ、プロファイリングへのパフォーマンスにおけるオーバーヘッドが大幅に削減され、より正確なデータが得られるようになりました。

UI 開発

XML、CSSといったWeb技術を元にしたUnityエディタ拡張用のUI Toolkit[注12]がリリースされています。このUI Toolkitを使用すればUnity UI（uGUI）で作成しているランタイム UI もこのUI Toolkitで作成できるようになるということです。レイアウトツールであるUI Builderツールはプリ

注7) 新しい入力システムに関しては特集1の3章で解説しています。
注8) 2D用のライトに関しては特集1の1章で解説しています。
注9) PSDインポーターに関しては特集1で解説しています。
注10) P2Dのスケルタルアニメーション（ボーンアニメーション）に関しては特集1の4章で解説しています。
注11) 2Dスプライトシェイプに関しては特集1の1章で解説しています。

注12) UI Toolkitに関しては特集2で解説しています。

リリースで確認することができます。

AI 関連

ArtEngineはAIにより写真等を物理ベースレンダリングでマテリアルに自動変換する というツールで、このツールを開発しているArtomatix社をUnityが買収しました。このArtEngineを用いると一般的なマテリアル作成ワークフローを自動化することができます。

Unity Game Simulationはクラウド内でゲームプレイを何百万回もシミュレーションすることで最適なゲームバランスとなる設定の結果を導き出すことができるサービスです。

Unity ML-AgentsはUnityで機械学習の環境構築のサポートを行ってくれるツールでGitHubで公開されています。Unity用のサンプルプロジェクトも含まれています。オープンソースで開発していくようです。

GameTuneでは、ビッグデータと機械学習によって各々のプレイヤー対して適したゲーム体験が得られるようにカスタマイズしたパラメータをリアルタイムに返してくれます。例えばチュートリアルの長さや、ゲームの難易度を一人ひとりのプレイヤーに合わせて、自動で調整できます。

オーディオとビデオ

ビデオ関係はWindowsではDirectX Video Accelerationを使ってGPUによるハードウェアアクセラレーションによるデコードの高速化が行われています。

H.264, H265でエンコードされたビデオを直接テクスチャにロードでき、高解像度の8K映像でも帯域幅を節約してパフォーマンスを向上させる可能性があります。

DSPGraphという低レベルオーディオエンジンが開発中です。ノードベースでデジタル信号の処理をカスタマイズでき、ミキシングエンジンはC#のジョブシステムで作成されています。

物理

既存のNVIDIA PhysXエンジン以外に、DOTS

では軽量でカスタマイズできる「Unity Physics」と精度の高い実績のある「Havok Physics」を選択することができるようになります。「Unity Physics」はパッケージマネージャーから入手できます。

ネットワーク

これまで、ボイスチャットサービスの「Vivox」、ゲームサーバー「Multiplay」、分析サービス「deltaDNA」といったマルチプレイヤーゲームの課題を解決するソリューションが提供されています。

これらのサービスは、大規模なオンラインゲームを運営するために必要な基盤です。

DOTSベースの低水準ネットワーキングスタック「Unity Transport」とマルチプレイヤーゲームのワールド同期を実装するための必要な機能を提供する「NetCode」のプレビュー版も公開されています。

モバイルプラットフォーム

UnityランタイムをiOSやandroidにライブラリとして使用できるようになりました。

デバイスシミュレーターがプレリリースになっています。色々なデバイス画面サイズに対応した実行画面プレビューを確認することができます。例えば、iPhoneXのノッチ部分をデバイスシミュレーターでは表示しています。

Android Logcatを表示するウィンドウもパッケージマネージャーからインストールできます。

Project Tiny

モバイル版ブラウザで、高速起動、極小ランタイムで軽量のインスタントゲームやプレイアブル広告を作成できるプラットフォームです。

XR 関連（AR/VR/MR）

開発プラットフォームは統合されて、XR SDKと呼ばれる新しいオープンなプラグイン フレームワークに移行しました。

AR開発のための主要なフレームワークであるAR Foundationは、このXR SDKの上に構築されています。

ようこそ Unity の世界へ
～ここが変わった! Unity 2020の新機能～

VRではHDRPをサポートし実写のような映像を実現し没入感を高めています。

AR/VRの開発を始めやすくするために、基本的な機能を用意したXR Interaction Toolkitを開発中です。

このキットを使えば、オブジェクトの選択、つかむ、投げる等のよく使われる動作や、UIの表示や操作などが予め用意されています。

Unity Live Link

別のデバイスで実行されているビルドされたゲームを、別の環境から接続したUnityエディタによってリアルタイムに変更を反映できる機能です。変更した内容をビルドして確認する必要がなくなるので、実機での動作確認の時間を大幅に削減することができます。

Build Report Inspector

ビルドの情報を視覚化してくれます。ビルドでできあがるパッケージに含まれるすべてのアセットのサイズを確認したり、ビルドのどの部分でどれくらい時間がかかっているかの確認を容易にできるようになります。

モジュールやアセットがどのシーンで使用されているかも確認できます。これによりアセットの整理を行い易くなります。

iOSやandroidで、ビルド時間の短縮方法を検討したり、アプリのサイズを削減したりするのに、サイズを食っているアセットや不要アセットを見つけ出すのに役立ちそうです。

Visual Studio の統合がパッケージマネージャーに移行

Visual Studio 、Visual Studio Code Editor、JetBrains Rider Editor のUnity 統合機能がパッケージマネージャーからインストールやアップデートするようになりました。スクリプトをダブルクリックしてもエディタとの連携がうまく行かない場合は、パッケージマネージャーでアップデートが無いか確認してみてください。

ビジュアルプログラミング

C#を使わないグラフィカルインターフェースでノードベースのビジュアルスクリプティングツールが開発中です。

このように多岐にわたる非常に多くの機能がリリース済またはプレリリース状態／開発中です。

Unity を学ぶ

続々と新機能が追加されているUnityですが、私達はどのようにUnityを学習して行けばよいのでしょうか。Unityを学ぶ方法はUnity社で公式にいくつか用意されています。

有料のUnity Learn Premium、無料の Unity Learn、公式Youtubeチャンネル、Unityを学ぶ上で有用な動画を集めた Unity Learning Materials があります。

無料のUnity Learnでも色々なタイプのプロジェクトが多数用意されており、完成版はもちろん、画像やモデルデータなどのアセットが用意されていて自分でドキュメントを読み進めながら完成させるチュートリアル用プロジェクトも複数用意されています。

日本語に翻訳されていない英語のチュートリアルがほとんどですが、ドキュメントはGoogle翻訳を使えば十分読み進めて行くことができると思います。ブラウザは、Google翻訳が内包されたChromeを使うと良いでしょう。右クリックで開くポップアップメニューから翻訳を選べば今表示しているページのレイアウトがおおよそ保たれたまま、画像の位置もずれることなく翻訳されるのでとても便利です。

チュートリアルで学ぶ

チュートリアルは、UnityHubからインストールできます（図5）。UnityHubを起動して「使い方を学ぶ」を選択すると、多くのプロジェクトが表示されます。学ぶのにかかるおおよその時間も表示されているので、興味の持てるプロジェクトの中から時間が短めのものから始めると良いでしょう。

巻頭特集

チュートリアルも多くの数があるので、初心者の方はどれから初めて良いか分からないと思います。そこでいくつかお勧めのチュートリアルを紹介したいと思います。

2D Game Kit

横から見たサイドビューの2Dアクションゲームです（図6）。

このゲームにはワールドコンストラクション機能がついていて、プログラムの知識なしにオリジナルステージを作成できます。

チュートリアルでは、Unityの基本的な使い方から始まり、コンストラクション機能の使い方の説明に進みます。このコンストラクション機能を使って楽しみながらUnityの操作に慣れることができるでしょう。

さらにチュートリアルビデオも用意されています。このビデオは英語ですが、YoutubeなのでＨ本語への自動翻訳機能を使えば十分に内容を理解することができます。

Ruby's Adventure: 2D Beginner

上から見下ろし型の2Dアクションゲームのチュートリアルです（図7）。

簡単なC#スクリプト、プレイヤーの操作、基本的なスプライトアニメーション、2Dタイルマップによる背景の作成、背景のスクロール、パーティクル、敵やダメージエリアとのコリジョン判定、ヒットポイントバー、ダイアログ表示、サウンド、BGMなど2Dゲームの基礎を学ぶことができます。学習時間はトータルで14時間20分ということでそこそこボリュームがあります。

◆図5　Unityの使い方を学ぶ

◆図6　2D Game Kitのダウンロード

◆図7　Ruby's Adventure: 2D Beginner

John Lemon's Haunted Jaunt: 3D Beginner

　3Dのゲーム制作の基礎を学ぶことのできるチュートリアルです（図8）。お化け屋敷の中で、おばけに見つからないように脱出するゲームです。

　3Dモデルのプレイヤーや敵の制御方法、アニメーション、経路探索のNavMesh、ポストプロセッシングエフェクト、3D空間におけるサウンド、敵の視線としてRayを飛ばしてプレイヤーを見つける方法など、Unityの複数の機能を学ぶことが出来ます。

Lost Crypt - 2D Sample Project

　このサンプルはUnity Hubには無く、アセットストアで検索してダウンロードする必要があります。

　最新のユニバーサルレンダーパイプラインを使って、2Dライト、2Dスプライトシェイプ、2Dスケルタルアニメーション、2Dタイルマップ、2Dシェーダーグラフ、ポストプロセッシングエフェクトなど2D系の新しい機能を網羅した最新の2Dゲームサンプルです（図9）。

　以下に技術概要がまとめられています。

- https://blogs.unity3d.com/2019/12/18/download-our-new-2d-sample-project-lost-crypt/

　本書で2Dのユニバーサルレンダーパイプラインや2Dの新機能を学んでおけばより理解しやすくなると思います。

　他にも3Dアクション、FPS、レースゲーム、RPG、Runゲーム、タワーディフェンスなど非常に多くのサンプルゲームが多数用意されています。またC#スクリプトについても多くのチュートリアルが用意されています。

◆図8　John Lemon's Haunted Jaunt: 3D Beginner

◆図9　Lost Crypt - 2D Sample Project

巻頭特集

さあ始めよう！

　これまで紹介してきましたように、Unityには次々と新しい革新的な機能が追加されており、進化し続けています。

　チュートリアルも非常に充実していますし、もし何かUnityで分からないことがあっても、検索すればネット上からも非常に多くの情報を得ることができます。もし日本語ページで見つからなかったら、恐れずに英語のページも確認しましょう。きっと欲しい情報がみつかることでしょう。

　この本では、この進化し続けるUnityにおいて、比較的最近追加された新機能をいくつか紹介していきます。この本をきっかけに、皆さんがUnityの豊富な機能を駆使し、素晴らしいゲームを開発できるようになる契機となれば幸いです。

パッケージマネージャー

パッケージマネージャーが必要となった背景

　「パッケージマネージャー」以前のUnityの機能拡張は、アセットストアやGitHubなどのソースコードのホスティングサービスでの配布、各パッケージ開発会社が直接配布、またはUnityエディタ自体のバージョンアップによって行われてきました。

　このことでパッケージの配布場所が分散されていたり、バージョン管理がうまく行われていなかったり、Unityのバージョンによって使えなかったりなにかと不便な状態でした。そのような不便な点を改善するために開発されたのが「パッケージマネージャー」です。

　「パッケージマネージャー」によりUnityの機能をパッケージとして分離することで、Unityエディタのアップデートなしでバグフィックスや機能拡張が可能になりました。

パッケージマネージャーの機能

　「パッケージマネージャー」は、Unityの拡張機能を管理するツールです。メニューの「Window→Package Manager」から開きます（図A）。

　使用中のUnityのバージョンに対応したパッケージをリストアップし、ダウンロードしてインポートすることにより、Unityの機能を拡張できるのが特徴です。

　アセットストアで購入したアセットパッケージも表示されます。

　独自のパッケージを開発して配布している会社も「パッケージマネージャー」からパッケージを配布することができます。

　パッケージはバージョン管理されていて、現在使用しているバージョンを確認できます。既にインポート済のパッケージのアップデートが配布された場合は、後からアップデートすることもできます。逆にダウングレードも可能です。

　また、プレビュー版というまだ開発途中で今後リリース予定の新機能も配布されるので、インポートして試してみることもできます。

　ダウンロードされたパッケージは、それぞれのPCの特定の場所[注1]にダウンロードされキャッシュされます。インポートされたパッケージはプロジェクト内のフォルダにコピーされるわけではなく、参照情報だけがプロジェクトの"Packages/manifest.json"に記録されます。

　そのことにより、プロジェクト自体のサイズを小さくすることができます。ということはGit等でソースコードを管理する場合に、リモートリポジトリにアップロードやダウンロードするサイズが小さくなるので速くなりますし、リポジトリのサイズ自体も小さくなるという利点があります。

※注1 ダウンロードされたパッケージの場所は、プロジェクトウィンドウで"Packages"を右クリックしてコンテキストメニューから"Show in Explorer"(Mac: "Reveal in Finder")を選択すると場所がわかります。

◆図A　パッケージマネージャー

14

特集 1

Unity 2020で学ぶ
ゲーム開発最前線

特集1では、UnityHubを使ってUnity2020をインストールし、2D用のユニバーサルレンダーパイプラインのプロジェクトを作成します。スプライトを変形させる「2D Sprite Shape」、2D用のライティングシステム、2D用スケルタルアニメーションの「2D Animation」、それを使ったインバースキネマティクスの「2D IK」、新しくなった入力システムを紹介していきます。

- 第1章　スプライトの変形と2Dライティング
- 第2章　2D インバースキネマティクス
- 第3章　新しい入力システム
- 第4章　2Dボーンアニメーション

特集1　Unity 2020で学ぶゲーム開発最前線

第1章

スプライトの変形と
2Dライティング

Unity2020をインストールして、ユニバーサルレンダーパイプライン（Universal Render Pipline）を使用した2D用のプロジェクトを作成していきます。作成したプロジェクトを用いて、スプライトを変形させる「2D Sprite Shape」、「2D用ライティングシステム」を解説していきます。

Unityのレンダーパイプライン

　従来のUnityのレンダーパイプラインは、フォワードレンダリングパスとディファードシェーディングレンダリングパスという2つが用意されており、どちらか適切な方を選んで使うようになっていました。これらのレンダーパイプラインの実装は隠蔽されていて、使う側で柔軟に変更することができませんでした。

　そこで、レンダリングに必要な低レベル機能を細分化し、C#側でレンダリングの制御や調整をできるようにし、変更や拡張や置き換えを容易にした新しいレンダーパイプラインが開発されました。

　これをスクリプタブルレンダーパイプラインと呼び、コンソールやPCのようなハイエンドハードウェアをターゲットとした「HD レンダーパイプライン」と、様々なターゲットで利用できる処理の軽い「ユニバーサルレンダーパイプライン」が用意されました。

◆ ユニバーサルレンダーパイプライン

　ユニバーサルレンダーパイプラインは、主にモバイルデバイスをターゲットとして高画質グラフィックスを実現する高速で拡張性のある描画を実現するために開発されました。コンソールやPCにも使用できます。

　一つのプロジェクトからUnityが対応している全てのプラットフォーム向けに開発することができるレンダリング技術です。

　早速このユニバーサルレンダーパイプラインを使って、プロジェクトを作成してみましょう。

Unity Hubのインストール

　現在、UnityのインストールはUnityHUBというツールからインストールできるようになっています。UnityHUBでは複数のバージョンのUnityをインストールでき、プロジェクトの一元管理も行ってくれます。プロジェクトを開くと、そのプロジェクトが作成されたバージョンのUnityで起動してくれます。

手順① UnityHubのダウンロード

　ブラウザでUnity Hubのダウンロードページ（https://unity3d.com/jp/get-unity/download）に行きます（図1）。［Unity Hubをダウンロード］ボタンを押して、インストーラーをダウンロードします。

手順② UnityHubのインストール

　ダウンロードされたインストーラー（Windowsの場合"UnityHubSetup.exe"、Macの場合"UnityHubSetup.dmg"）を起動します。手順にしたがって、Unity Hubをインストールしてください。

◆図1　Unity Hubをダウンロード

第1章　スプライトの変形と2Dライティング

Unityのインストール

インストールされたUnity Hubを起動します。

初回「Unityをインストール」ウィザードが表示された場合、最新の"Unity2020"になっていれば、そのままインストールしてください。

もし、"Unity2020"になっていない場合は、左下の「インストールウィザードを表示しない」をクリックします。「プロジェクト」画面が開きます。左側の"インストール"をクリックします。右上の青い［インストール］ボタンをクリックします。

◆図2　プロジェクトの作成

「Unityバージョンを加える」ウィンドウが開くので、"Unity2020"を選んでウィザードに従ってインストールしてください。

既に以前のUnityをインストールしている場合も「プロジェクト」画面が開くので、上記と同じ方法でインストールします。

◆ ユニバーサルレンダーパイプラインプロジェクトの作成

特集1で共通で使う2Dゲーム用のユニバーサルレンダーパイプラインを使用したプロジェクトを作成していきましょう。

手順① プロジェクトの新規作成

Unity Hubの右上の新規作成をクリックします。

手順② プロジェクトの設定

テンプレートは「Universal Render Pipline」を選択し、プロジェクト名と保存先を設定し、［作成］ボタンを押します（図2）。

◆図3　最初のシーン

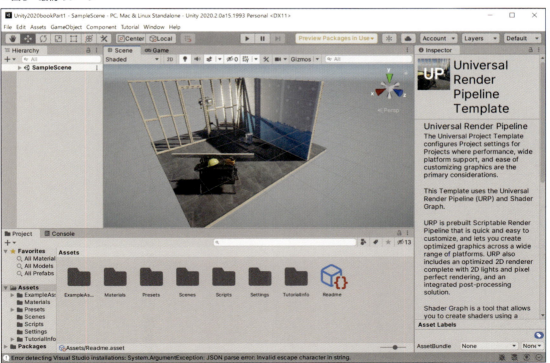

17

Unityが起動し最初のシーンが表示されます（図3）。

新規シーンの作成

作業用に新しいシーンを作成します。

手順① 新規シーンの作成

メニューから「File > New Scene」を選びます。シーンテンプレートの選択ウィンドウが表示された場合は、"Basic (Built-in)"を選び、[Create]ボタンをクリックします。

手順② 作成したシーンの保存

メニューから「File > Save」を選びます。"Assets/Scene"のフォルダに、名前を付けて保存します。

2D Renderer Pipelineの作成

現在、Unity Hubのプロジェクト作成時のテンプレートには、2D用のUniversal RPが用意されてい

♦図4　UniversalRenderPipelineAsset2D

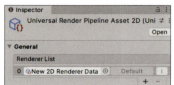

♦図5　Scriptable Render Pipeline Settings

♦図6　Quality > Rendering

ません。作成されたプロジェクトは3D用のRendererを使用する設定となっているため、2D用Rendererに変更していく作業が必要になります。

手順① 2D Rendererを作成するフォルダの作成

Projectウィンドウの"Assets"フォルダを右クリックし、コンテキストメニューの「Create > Folder」を選び、フォルダを作成して名前を"UniversalRenderPipeline"にします。

手順② 2D Rendererの作成

作成した"UniversalRenderPipeline"フォルダを右クリックし、コンテキストメニューの「Create > Rendering > Universal Render Pipeline > 2D Renderer」を選択します。すると、"New 2D Renderer Data"というファイルが作成されます。

手順③ Pipeline Assetの作成

Projectウィンドウの"UniversalRenderPipeline"フォルダを右クリックし、コンテキストメニューの「Create > Rendering > Universal Render Pipeline > Pipeline Asset」を選択し、UniversalRenderPipelineAssetを作成します。

"UniversalRenderPipelineAsset_Renderer"と"UniversalRenderPipelineAsset"というファイルが作成されます。"UniversalRenderPipelineAsset"のファイル名をわかりやすいように"UniversalRenderPipelineAsset2D"に変更しておきます。

"UniversalRenderPipelineAsset2D"を選択し、Renderer Listの◉をクリックして選択ウィンドウで"New 2D Renderer Data"を選択します（図4）。

手順④ Scriptable Render Pipelineの選択

メニューから「Edit > Project Settings...」を選びます。Graphicsの"Scriptable Render Pipeline Settings"の右側にある◉を押しま

第1章　スプライトの変形と2Dライティング

す。先ほど作成した"UniversalRenderPipeline
Asset2D"を選びます（図5）。

 Quality Renderingの設定

Qualityを選び、Rendering項目で、"Universal
RenderPipelineAsset2D"を選びます（図6）。

これでUniversal RPの2D用プロジェクトを作成できました。

 ## スプライトの変形

2D Sprite Shapeを使うとスプライトをグニャグニャ曲げることができます。この機能を使って曲線に沿って滑らかに曲がった地面を作成してみましょう。また特徴的な2Dライティングシステムを使用して背景を照らしてみましょう。

◆ 2D Sprite Shape のインストール

先ほど作成したプロジェクトに"2D Sprite Shape"をインストールしていきます。

 2D SpriteShapeのインストール

メニューから「Window > Package Manager」を選びます。上部のプルダウンは[Packages: Unity Registry]にします。Package Managerで"2D

Column　Unityのプロジェクトテンプレートの種類

本書では、新しく追加されたスクリプタブルレンダーパイプラインのうち「Universal Render Pipeline」を利用しました。しかし、Unity Hubでは図2を見て分かるように、「Universal Render Pipline」以外に様々なテンプレートが用意されています。

ここでは、紹介しなかったその他のテンプレートを簡単に紹介します。これらのプロジェクトテンプレートを使うと、これから作成しようとするゲームのタイプ別に、必要な設定を済ませた状態のプロジェクトを生成してくれます。例えば2D用のテンプレートを使えば、Unityが起動してすぐに2Dゲームの制作が開始できる状態になっています。

テンプレートの種類は4つあります（2020年6月現在）。

2D

Unityのビルトインレンダリングパイプラインを使用する2Dアプリケーションのプロジェクト設定を行います。スプライトやUIで使うテクスチャ（画像）のインポート、テクスチャをまとめて描画パフォーマンスを上げるためのスプライトパッカー、2D用に設定されたSceneビュー、ライトの機能、平行投影カメラを使う2Dアプリケーションのプロジェクト設定を行います。

3D

Unityのビルトインレンダリングパイプラインを使用する3Dアプリケーションのプロジェクト設定を行います。3Dモデルキャラクターを使ったアニメーション、3D用に設定されたSceneビュー、ライト、透視変換カメラを使う3Dアプリケーションのプロジェクト設定を行います。

High Definition RP

最新のスクリプタブルレンダーパイプライン（SRP）を使用するハイエンドプラットフォーム向けプロジェクトを生成します。ディファードレンダリングとフォワードレンダリングの両方に対応していて、物理ベースのライティングとマテリアルを使用しています。このテンプレートには、新しいポストプロセススタック、開発をすぐに開始するためのいくつかのプリセット、サンプルコンテンツも含まれています。

Universal Render Pipline

最新のスクリプタブルレンダーパイプライン（SRP）を使用するモバイルデバイスのようなパフォーマンスを重視するプロジェクトや、複数のデバイスをターゲットとして高画質グラフィックスを実現する高速で拡張性のある描画を実現するためプロジェクトを生成するテンプレートです。コンソールやPCにも使用できます。

このテンプレートは、ビジュアルノードエディターを使用してコードを書かずにシェーダーを作成できるシェーダーグラフの機能を使用します。また、開発をすぐに開始するためのいくつかのプリセット、サンプルコンテンツも含まれています。

特集1　Unity 2020で学ぶ ゲーム開発最前線

◆図7　2D SpriteShape のインストール

◆図8　背景テクスチャの設定箇所

SpriteShape"を選びます。右下のInstallボタンを押します（図7）。

手順② サンプルアセットのインポート

インストールが終わると同じくPackage Managerの"2D SpriteShape"のウィンドウ内に"Samples"の項目が表示されます。クリックして表示された"Sprite Shape Samples"と"Sprite Shape Extras"の[Import]ボタンを押してインストールします。

Sprite Shape Profile の作成

スプライトを変形させたときに、角度によって自動的に配置するスプライトを選択する設定ファイル"Sprite Shape Profile"を作成します。

この設定によって、曲線に沿ってスプライトが傾いた場合に、その角度に適切なスプライトを自動的に選択してくれるようになります。

手順① Profileの保存フォルダの作成

Projectウィンドウの"Assets"フォルダを右クリックし、コンテキストメニューの「Create > Folder」を選び、フォルダを作成して名前を"SpriteShapeProfile"にします。

手順② Sprite Shape Profile の作成

作成した"SpriteShapeProfile"フォルダを左クリックで選択します。Projectウィンドウの左上の[+]ボタンをクリックし「2D > Sprite Shape Profile」を選択します。名前を"WallSpriteShapeProfile"に変更します。

手順③ 背景テクスチャの設定

作成された"WallSpriteShapeProfile"を選択します。Inspectorの"Texture"で背景テクスチャの設定をします。右端の◉をクリックして、"CastleWallFill"を選びます（図8）。

これで背景を埋めるスプライトの設定ができました。

続いて、上下左右の向きで表示するスプライトと4隅の角のスプライトを設定していきます。

上向きのSprite指定

まずは上向きのSpriteを指定します。

"Angle Ranges"の値を「Start = 45, End = -45, Order = 4」にします。"Sprites"のリストに既にある"SpriteShapeEdge"の右の◉をクリックして"CWall_Top"を選択します（図9）。

左向きのSprite指定

次に左向きのSpriteを指定します。

第1章　スプライトの変形と2Dライティング

◆ 図9　上向きのSpriteに"CWall_Top"を設定

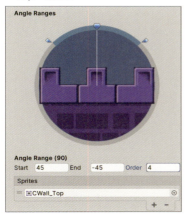

◆ 図10　左向きのSpriteに"CWall_Left"を設定

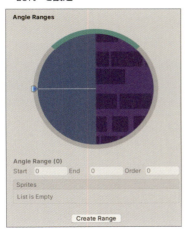

◆ 図11　角のスプライト"Corners"の場所

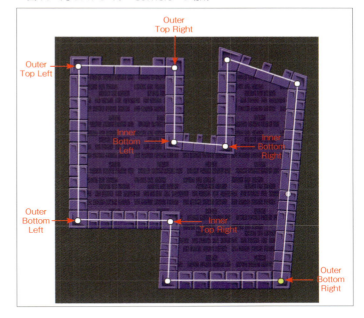

◆ 図12　角のスプライト"Corners"の設定

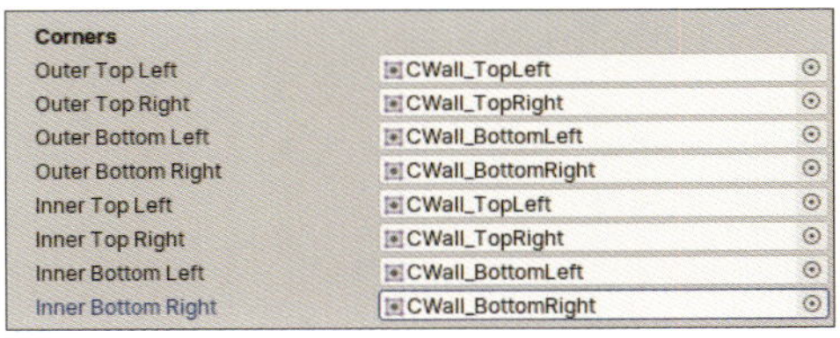

設定が終わり、青い矢印を回転させるとその方向のスプライトの表示が切り替わるのを確認できます。

4隅の角のスプライト指定

"Corners"に角のスプライトを指定していきます。各コーナーの意味は**図11**のようになります。これに従って、**図12**のようにスプライトを設定します。

◆ 表1　Angle Rangesの設定

方向	Start	End	Order	Sprites
上	45	-45	4	CWall_Top
左	135	45	3	CWall_Left
下	-135	-225	2	CWall_Bottom
右	-45	-135	1	CWall_Right

　上部の青い矢印を左側に持っていきます（**図10**）。[Create Range]ボタンをクリックし、"Angle Ranges"の値を「Start = 135, End = 45, Order = 3」にします。"Sprites"のリストのプラス[+]ボタンをクリックして"CWall_Left"を選択します。

その他の設定

　同様に下と右も**表1**のように設定していきます。

◆◆◆

　以上でSprite Shapeを使った背景の作成の準備ができました。

Sprite Shape Controllerで背景を作成

　Game2DSceneに前項で作成した"WallSpriteShapeProfile"を使って、2Dゲームで見られるような横から見た閉じた空間の背景を作成していきます。

21

壁の表示

まずは、Sceneビューに壁を表示していきます。前項の設定のおかげで、スプライトが向きや角かどうかに応じて自動的にスプライトが選択されます。

手順① 2Dライトの追加

このシーン上にはUniversal RP 2D用ライトが無く真っ暗になるので、最初にライトを追加します。Hierarchyウィンドウの左上の[+]をクリックして「Light > 2D > Global Light 2D」を選択します。Gameビューのサイズを"WXGA(1366x768)"に、Sceneビューは2Dにしておきます。

手順② 壁のGameObjectを生成

壁の生成を行っていきます。Hierarchyウィンドウの左上の[+]をクリックして"Create Empty"を選択し、空のGameObjectを作成します。作成されたGameObjectを選択し、Inspectorウィンドウで名前を"Wall"に変更します。

手順③ "Sprite Shape Controller"の追加

Inspectorウィンドウの下部の[Add Component]ボタンを押して、検索ボックスに"sprite"と入力します。絞り込まれた中から、"Sprite Shape Controller"を選択します。

手順④ "Sprite Shape Profile"の設定

追加された"Sprite Shape Controller"にあるProfileの右の⦿をクリックして、先程作成した"WallSpriteShapeProfile"を選択します(図13)。

Sceneビューに壁が表示されます(図14)。

直線上にスプライトを配置

Sceneビューに表示された壁の直線の部分にスプライトを配置していきます。

手順① 頂点編集モードに入る

Inspectorウィンドウの"Sprite Shape Controller"で"Edit Spline"の左のアイコンボタンを押して頂点の編集モードに入ります。

手順② 頂点の移動

頂点の編集モードに入るとSceneウィンドウに表示された左上の頂点にある白い丸い点をドラッグできるようになります(図15)。

◆図13 "WallSpriteShapeProfile"の選択

◆図14 表示された"WallSpriteShapeProfile"

◆図15 頂点の移動

◆図16 部屋の作成

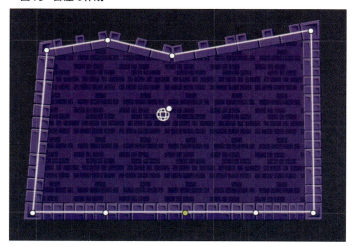

第1章 スプライトの変形と2Dライティング

◆図17 曲線モード

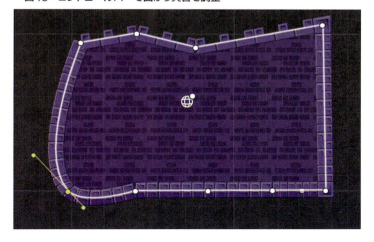

◆図18 コントロールバーで曲がり具合を調整

◆図19 曲線に変更

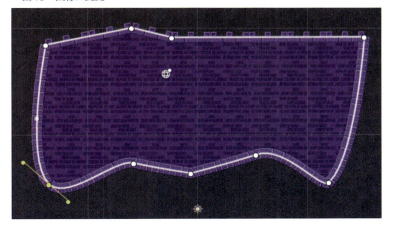

曲線上にスプライトを配置

今度は曲線上にスプライトを配置していく方法を説明します。

手順① スプライトの配置

左下の頂点を選択します。Inspectorウィンドウで"Sprite Shape Controller"の"Tangent Mode"にある3つのボタンの中から、真ん中のボタンを押します（図17）。

ボタンを押すとすぐに角が曲がりました。曲がり具合を調整できる黄色いコントロールバーも表示されています（図18）。

他の頂点も曲げてみたりコントロールバーをマウスでドラッグして曲がり具合が変わるのを確認してみましょう。

Sprite Shape Controllerを使うと簡単にスプライトを曲げることができ、またスプライトの向きに応じて自動的にスプライトが選択され、2Dゲームでよくある閉じた空間の背景をとても簡単に作成することができました（図19）。

ドラッグして位置を変更すると、スプライトが変形し、角度によって表示されるスプライトが自動で選択されるのを確認しましょう。頂点をつないでいる白い線をクリックすると新たに頂点を追加することができます。

追加された頂点もドラックして移動できます。なお、頂点を選択した状態で、Deleteキーを押すと頂点を削除することができます。頂点の移動、追加、削除の操作を使って、図16のような形にしてみましょう。

◆ 道の作成

"Assets/Samples/2D SpriteShape/3.0.13/Sprite Shape Samples/Sprite Shape Profiles"のサンプルがあります。これらを使って横から見た2Dゲームの道を作成してみましょう。ここでは最終的に曲線の道の上にボールを転がしてみたいと思います。

手順① 道のGameObjectを生成

Hierarchyウィンドウの左上の[+]をクリックし

23

◆図20　道を作成

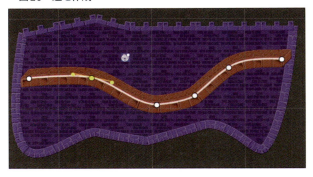

て"Create Empty"を選択して空のGameObjectを作成します。作成されたGameObjectを選択し、Inspectorウィンドウで名前を"Platform"に変更します。

> 手順②　"Sprite Shape Controller"を追加

Inspectorウィンドウで[Add Component]ボタンを押して、検索ボックスに"sprite"と入力します。絞り込まれた中から、"Sprite Shape Controller"を選択します。

> 手順③　Profileに"Platform"を設定

追加された"Sprite Shape Controller"にあるProfileの右の◉をクリックして、"Platform"を選択します。Sceneウィンドウに、"Platform"のSprite Shapeが追加されます。

"Edit Spline"で頂点編集モードに入り、Sceneウィンドウで頂点を移動して広げてみます。
この"Platform"は"Wall"と同様に最初の頂点と最後の頂点がつながっています。道の場合はつながらないようにしたいので、Inspectorの"Spline"の項目にある"Is Open Ended"のチェックを入れます。
頂点を移動、追加、曲線にしたりして、道を作成してみましょう（図20）。

カメラ位置の調整と描画順位

もしGameビューに何も表示されていない場合は、"Wall"と"Platform"と"Main Camere"の座標を修正します。

> 手順①　"Wall"の座標の設定

Hirarchyウィンドウで"Wall"を選択します。InspectorウィンドウのTransformのPositionをX=0,Y=0,Z=0にします。Gameビューに"Wall"が表示されたと思います。

> 手順②　"Platform"の座標と"Wall"の描画順序の設定

同様に"Platform"の座標も「X=0,Y=0,Z=0」にしてみます。しかし"Platform"が"Wall"の後ろに隠れて見えません。"Wall"の描画優先順を後ろに下げます。Hierarchyウィンドウで"Wall"を選択しInspectorウィンドウの"Sprite Renderer"にある"Additional Settings"を開きます。"Order in Layer"を「-2」にします。
"Platform"が"Wall"の前に表示されたと思います。"Order in Layer"の値が大きい方が手前に表示されます。

> 手順③　"Platform"の描画順序の設定

以降の章でキャラクターを手前に表示することを考慮して、"Platform"の描画優先順も変更します。Hierarchyウィンドウで"Platform"を選択しInspectorウィンドウの"Sprite Renderer"にある"Additional Settings"を開きます。"Order in Layer"を-1にします。

> 手順④　"Main Camere"の座標の設定

カメラが近づきすぎているので、"Main Camere"のPositionを「X=3.3, Y=-1.8, Z=-20」に変更します。

全体が映るようになりました（図21）。ここは読者の環境で適切な値をセットしてください。

Sprite Shape コリジョン

この"Platform"にコリジョンを付けて当たり判定を追加し、ボールを転がしてみましょう。

> 手順①　"Edge Collifer 2D"を追加

Inspectorウィンドウの[Add Component]ボタンを押します。検索ボックスに"edge"と入力しま

第1章　スプライトの変形と2Dライティング

す。絞り込まれた"Edge Colider 2D"を選択します。"Edge Collider 2D"コンポーネントの[Edit Collider]ボタンを押してSceneウィンドウを見ると、当たり判定のある箇所に緑色の線が表示されています。

> 手順②　"Edge Colider 2D"の位置の調整

Colliderの位置を少し上に上げたいので、Inspectorウィンドウの"Sprite Shape Controller"の

Coliderの項目にある、"Offset"を0.5にしてみます。

Colliderの位置が上に上がりました（図22）。この値も読者の環境に合わせてください。

ボールのスプライトの作成

コリジョンの上を転がすボールをスプライトで作成していきます。

> 手順①　スプライトの保存フォルダの作成

Spriteを生成するフォルダを作成します。Projectウィンドウの"Assets"フォルダを右クリックし、コンテキストメニューの「Create > Folder」を選び、フォルダを作成して名前を"Sprites"にします。

> 手順②　ボールのスプライトの作成

作成した"Sprites"フォルダを左クリックで選択します。Projectウィンドウの左上の[+]ボタンをクリックし、「2D > Sprites > Circle」を選択します。Circleスプライトが作成されます。

◆図21　カメラのPositionを変更して全体を写す

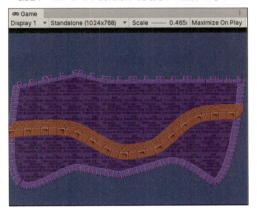

◆図22　Sprite ShapeのCollider

> 手順③　ボールのスプライトの配置

"Circle"の三角をクリックした中にある丸い円をドラッグしてSceneビューにドロップします。"Wall"の後ろに隠れて見えないかもしれません。描画優先順を"Wall"や"Platform"より手前にするために、Hierarchyウィンドウで生成された"Circle"を選択し、Inspectorウィンドウの"Sprite Renderer"にある"Additional Settings"を開きます。"Order in Layer"を2にします。

◆図23　"Circle"の配置

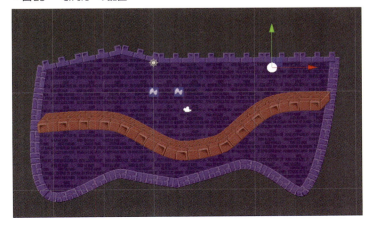

> 手順④　ボールの座標の設定

Sceneビューで、移動ツールを使って"Circle"の座標を適切な場所へ移動します。"Circle"が落ちたら転がるような位置に配置します（図23）。

25

特集1　Unity 2020で学ぶ ゲーム開発最前線

◆図24　"Circle"のコリジョンサイズの調整

手順⑤　Rigidbody 2Dの追加

Hierarchyウィンドウで"Circle"を選択し、Inspectorウィンドウで［Add Component］を選択し検索ボックスに"Rigid"と入力します。"Rigidbody 2D"を選択します。

手順⑥　コリジョンの追加

次に、コリジョンを追加します。Inspectorウィンドウで［Add Component］を選択し検索ボックスに"collider"と入力します。"Circle Collider 2D"を選択して追加します。

手順⑦　編集モードでサイズの調整

追加された"Circle Collider 2D"にある"Edit Collider"の横のボタンを押して編集モードに入ります。

Sceneビューで"Circle"に緑色の円が表示されます。上下左右に表示されている四角いコントロールポイントをマウスでドラッグしてサイズを調整します（図24）。

調整が終われば、編集モードを終了し実行してみます。ボールが道に沿って転がると思います。

"Circle"はこれ以降使わないので、非アクティブにします。Hierarchyウィンドウで"Circle"を選択し、Inspectorウィンドウの"Circle"の名前の左のチェックボックスのチェックを外します。

非アクティブにすると、表示されなくなります。

2Dライティング

UniversalRPでは、これまでにはなかった2D用のライトが使用できるようになっています。2Dライトの種類は5種類あります（**表2**）。

順番に見ていきましょう。

Global Light 2D

環境光として全体を一様に照らすライトです。このライトは2D Sprite Shapeのときに既に配置しています。パラメーターを変更してその効果を確認してみましょう。

手順①　Global Light 2Dのプロパティの確認

Hierarchyウィンドウで"Global Light 2D"を選択します。"Global Light 2D"で設定できるプロパティを**表3**にまとめます。

手順②　ライトの色の変更

ライトの色を変化させてみましょう。Colorの白い色の部分をクリックします。カラーピッカーウィンドウが表示されます（図25）。

◆表2　2Dライトの種類

種類	説明
Global Light 2D	環境光で全体を一様に照らします
Point Light 2D	スポットライトのような点光源です
Parametric Light 2D	多角形の形状のライトです
Freeform Light 2D	スプラインで形状を指定できるライトです
Sprite Light 2D	スプライトの形をライトにできます

◆表3　"Global Light 2D"のプロパティ

プロパティ	説明
Light Type	ライトを配置した後でも、ここでライトの種類を変更できます
Light Order	ライトのレンダリング順序ですが、Global Lightでは機能しません
Blend Style	Renderer Dataで設定したブレンドスタイルを選択します。加算、減算等の設定を行うことができます
Color	ライトの色です
Intensity	ライトの輝度です
Target Sorting Layers	このライトを適用する、Sorting Layerを指定します

第 1 章　スプライトの変形と 2D ライティング

◆図25　カラーピッカー　　◆図26　Global Light 2Dで色を変える

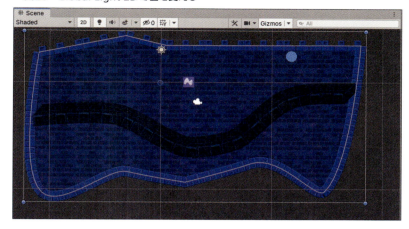

◆図27　Point Light 2D

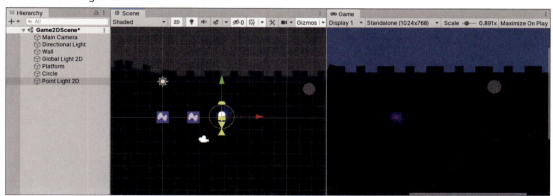

　色を選択してSceneビューとGameビューで色が変わるのを確認しましょう（**図26**）。最後に確認が終わったら白に戻しておきましょう。

Point Light 2D

　スポットライトのような点光源です。照らす範囲を指定できます。実際にプロパティを変更してどのように変化するかを見ていきましょう。

手順①　全体を暗くする

　"Point Light"がよくわかるように、"Global Light 2D"を暗くします。Hierarchyウィンドウで"Global Light 2D"を選択します。Inspectorウィンドウの"Light 2D"の"Intensity"の値を0.1にします。大分暗くなったと思います。

手順②　Point Light 2Dの追加

　Hierarchyウィンドウの左上のプラスボタン［＋］を押して、メニューから「Light ＞ 2D ＞ Point Light 2D」を選択します。

手順③　Point Light 2Dの確認

　Hierarchyウィンドウに"Point Light 2D"が追加されました（**図27**）。SceneビューやGameビューを見るとライトが追加されているのが分かります。見えない場合はライトの座標を調整してみましょう。Z座標を0にしておきます。

27

特集1　Unity 2020で学ぶ ゲーム開発最前線

◆図28　ライトの照射範囲が広がった

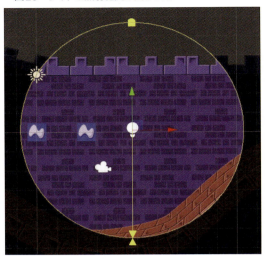

◆図30　ライトの照射角度

◆図29　ライトの減衰範囲

◆図31　ライトの減衰角度

手順④　ライトの照射範囲の変更

　ライトの大きさを変更してみましょう。中心付近にある黄色い四角をドラッグします。ライトの照射範囲が広がります（図28）。

手順⑤　明るさの減衰距離

　上部の黄色い四角を円の内側にドラッグしてみましょう。明るさの減衰距離を変更できます（図29）。

手順⑥　照射角度

　下部の黄色い上向き△をドラッグしてみましょ

う。照射角度を変更できます（図30）。

手順⑦　減衰角度

　黄色い下向き▽をドラッグしてみましょう。明るさの減衰角度を変更できます（図31）。**表4**に"Point Light 2D"のプロパティをまとめます。

◆ Parametric Light 2D

　三角形、四角形、五角形等のn角形の形をしたライトです（図32）。"Parametric Light 2D"のプロパティを**表5**にまとめます。

第 1 章　スプライトの変形と 2D ライティング

◆ 表4　"Point Light 2D" のプロパティ

プロパティ	説明
Light Type	ライトを配置した後でも、ここでライトの種類を変更できます
Inner Angle	ライトの照射角度
Outer Angle	ライトの減衰角度
Inner Radius	内側の円の半径
Outer Radius	外側の円の半径
Falloff Intensity	減衰度
Cookie	グレースケールテクスチャを使用して影を落とすことができます
Alpha Blend on Overlap	他のライトと重なった場合に、自分を優先するか（チェックあり）、加算ブレンドする（チェックなし）かを指定します
Light Order	ライトのレンダリング順序ですが、Global Light では機能しません
Blend Style	ブレンドスタイルを選択します
Color	ライトの色です
Intensity	ライトの輝度です
Use Normal Map	スプライトの法線マップを使うかどうかを指定します
Volume Opacity	ライトの透明度を指定します
Shadow Intensity	影の部分の強度を指定します
Target Sorting Layers	このライトを適用する、Sorting Layer を指定します

◆ 図32　"Parametric Light 2D" を三角形に設定

◆ 表5　"Parametric Light 2D" のプロパティ

プロパティ	説明
Radius	ライトの照射半径を変更できます
Sides	何角形にするか指定できます。例えば3にすると三角形になります
Angle Offset	ライトのZ軸角度を変更できます
Falloff	ライトの外側の減衰範囲を変更できます
Falloff Intensity	減衰の割合を変更できます
falloff Offset	減衰方向を変更できます

◆ 表6　頂点の編集方法

アクション	内容
頂点の移動	頂点の白丸をマウスでドラッグして移動できます（図33）
頂点の追加	辺の上にマウスポインタを置くと丸い点が表示されます。クリックすると頂点が追加されます（図34）
頂点の複数選択	何もない場所からマウスをドラッグすると、複数の頂点を選択できます（図35）
頂点の削除	頂点を削除するには、頂点を選択した状態で [Delete] キーを押します

◆ Freeform Light 2D

スプラインで自由な形状にできるライトです。このライトは頂点を増やすことができます。

頂点の編集方法

Scene ビューで頂点を編集する方法を説明します（表6）。これらの操作で色々な形を作成してみましょう（図36）。

◆ Sprite Light 2D

テクスチャーの形をライトにすることができます（図37）。"Light 2D" コンポーネントにある "Sprite" の右にある ◉ をクリックして任意の画像を選択します。

次章以降のために、ライトを確認したら Hierarchy ウィンドウから "Global Light 2D" の "Intensity" を1に戻しておきます。"Global Light 2D" 以外のライトは削除しておきます。

◆図33 頂点の移動

◆図34 頂点の追加

◆図35 頂点の選択

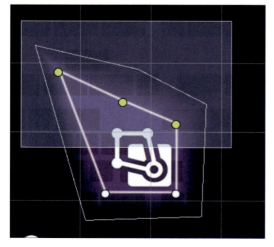

◆図36 星型に頂点を配置

◆図37 Sprite Light 2Dの表示

まとめ

　この章では、新しいユニバーサルレンダーパイプラインを使った2D用のプロジェクトを作成し、2D Sprite Shapeでスプライトを変形する方法を学びました。また、新しく追加された2D用のライトにどのようなものがあるのか見てきました。

　これらを使えば、今までできなかった曲がった地形や、新しいライトの表現を使った2Dゲームを開発することができるでしょう。

　2D背景の作成の新しい方法を習得したので、次の章では2Dキャラクターの新しいアニメーションを学んでいきましょう。

特集1　Unity 2020で学ぶゲーム開発最前線

第2章 2Dインバースキネマティクス

これまでUnityでは3Dモデルのインバースキネマティクスは実装されていました。ここでは新しく追加された2Dのスプライト用インバースキネマティクスを解説していきます。キャラクターのアニメーションを2Dインバースキネマティクスを用いて作成してみましょう。

フォワードキネマティクスとインバースキネマティクス

ボーンの入ったモデルをアニメーションさせる方法に、フォワードキネマティクス（Forward Kinematics: FK）と、インバースキネマティクス（Inverse Kinematics: IK）があります。

人間の腕を考えてみましょう。テーブルにあるりんごに手を伸ばすことを考えます。

フォワードキネマティクスでは肩から順に回転させていきます。肩の次は肘を回転させます。肘の次は手首を回転させ手をりんごに接します。

インバースキネマティクスでは目標の位置から逆に回転角を計算していきます。最初に手を目標のりんごに接します。その状態で手首の角度を決めます。次に肘の角度を決めます。最後に肩の角度を決めます。

足を接地させる場合にも、まず地面と接する位置が決まるので、そこから足首、膝、足の付根と各関節の回転角を逆算する必要があります。この場合もインバースキネマティクスを使うことで自然な動きとすることができます。

このインバースキネマティクスを2Dのスプライトで使うことができるようになりました（2D IK）。

ターゲット位置に向かって移動する一連のボーンの位置と回転角が自動的に計算されます。各関節の位置と回転角をキーフレームに設定する必要がないため、手足のポーズ付けやアニメーション、リアルタイムでのアニメーションが簡単になります。

2D Animation／2D PSD Importer／2D IKのインストール

引き続き前章のプロジェクトを使用していきます。

まず必要となるパッケージをインストールします。必要なパッケージは"2D Animation"と"2D PSD Importer"と"2D IK"です。

手順①　2D Animationのインストール

メニューから「Window > Package Manager」を選びます。Package Managerで"2D Animation"を選びます。Installボタンを押します。

インストールが終わると"Samples"の項目が表示されるので、右向き三角の項目を開いて[Import]ボタンを押してサンプルもインストールします。

手順②　2D PSD Importerのインストール

PSBフォーマットの画像を読み込めるようにするため、同様の手順で"2D PSD Importer"もインストールします。

手順③　2D IKのインストール

Package Managerの歯車アイコンをクリックして、「Advanced Project Settings」を選択します。「Enable Preview Packagesにチェックを入れます。Package Managerに「2D IK」が表示されるので同様の手順でインストールします。

31

特集1　Unity 2020で学ぶ ゲーム開発最前線

◆図1　Feiを配置

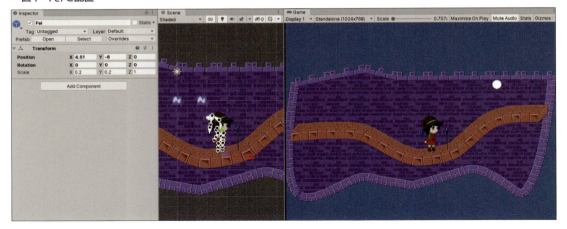

IKアニメーションで動く キャラクターの作成

2D Animationサンプルにある、既にボーンの設定済のキャラクターデータを使って、インバースキネマティクスでアニメーションを作成してみましょう。手足の末端の座標を指定すると、階層構造上の親のボーンが適切な回転角になるように計算する仕組みにより、自然な動きとなります。

● プレハブ（prefab）を作成

最初にキャラクターのプレハブ（prefab）を作成します。

プレハブとは、同じ機能をもったゲームオブジェクトを階層構造を含め一つにまとめたもので、使い回すことができます。例えば、キャラクターのprefabを作っておくと、別のシーン上にも同じ機能をもったキャラクターを配置できます。配置した後に、キャラクターのScaleを変えたくなった場合、prefabのプロパティを変更すると、別のシーンに配置されているキャラクターのScaleも連動して変更することができます（配置後にScaleを書き換えた場合を除く）。

手順①　"Fei.psb"をシーンに配置

ProjectウィンドウからAssets/Samples/2D Animation/3.2.4/Samples/4 Character/Sprites/Fei.psbを探し、Hierarchyウィンドウにドロップします(注1)。

手順②　サイズを調整

サイズが大きい場合は、Hierarchyで"Fei"を選択し、InspectorウィンドウのTransformのScaleを変更して丁度よい大きさにします。ここでは、ScaleをX=0.2, Y=0.2にして、Positionも背景の真ん中辺りになるように移動しました（図1）。

手順③　プレハブを保存するフォルダの作成

キャラクターの"Fei"は他のシーンに配置することを考えてプレハブ（prefab）にします。Prefabを配置するフォルダを作成します。Projectウィンドウで"Assets"フォルダを選択し、左上のプラス[+]ボタンを押して、フォルダーを作成します。名前を"Prefab"にします。

手順④　プレハブの作成

Hierarchyウィンドウの"Fei"を作成した"Prefab"フォルダにドロップします。Create Prefabのダイアログウィンドウが表示されたら[Original Prefab]ボタンを選択します。

"Assets/Prefab"のフォルダの中に"Fei"というプレハブが作成されます（図2）。

注1）"3.2.4"のパスは"2D Animation"のバージョンにより異なる場合があります。

第2章　2Dインバースキネマティクス

IK Manager 2Dコンポーネントを追加する

インバースキネマティクスでスプライトを動かすために、全体の制御を行うコンポーネント"IK Manager 2D"を追加します。コンポーネントとは特定の機能をまとめたプログラムのことです。

手順①　コンポーネントの追加方法

Hierarchyウィンドウで"Fei"を選択し、Inspectorウィンドウの[Add Component]ボタンを押します。

手順②　"IK Manager 2D"の追加

検索フィールドに"ik"と入力し絞り込み、"IK Manager 2D"コンポーネントを選択します。

Inspectorウィンドウに"IK Manager 2D"コンポーネントが追加されました（図3）。このコンポーネントはこの後作成するそれぞれの目的地を設定する"IK Solver"をすべてを管理するコンポーネントです。

IK Solverを追加する

両手両足をIKで操作して目標地点へ到達させるコンポーネント"Limb Solver 2D"を追加していきます。両手両足の制御用に4つ用意します。

手順①　"Limb Solver 2D"の追加

"Fei"を選択しInspectorウィンドウで、追加された"IK Manager 2D"にある"IK Solvers"の"List is Empty"と表示されているリストの右下のプラス［+］ボタンを押して、"Limb"を選択します。

Hierarchyウィンドウに"New LimbSolver2D"が追加されました。

再度"Fei"を選択し同じ操作を4回繰り返します。するとHierarchyウィンドウに"New LimbSolver2D"が4つできたと思います（図4）。

Inspectorウィンドウの"IK Manager 2D"の"IK Solvers"のリスト項目は図5のようになります。

LimbSolver2Dの名前の変更

4つの"New LimbSolver2D"の名前を分かりやすいように変更します。

Hierarchyウィンドウで順に選択して、Inspectorウィンドウで表1のように名前を変更します。Inspectorウィンドウの"IK Manager 2D"で参照している名前も自動的に変更されます。

LimbSolver2Dの目標地点となるターゲットオブジェクトの作成

両手両足の各目標地点を指定するターゲットオブジェクトを追加します。

◆図2　"Fei"のプレハブ

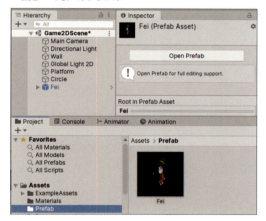

◆図3　"IK Manager 2D"コンポーネント

◆図4　"LimbSolver2D"を4つ追加

◆図5　"IK Solvers"の状態

特集1　Unity 2020で学ぶ ゲーム開発最前線

手順① ターゲットオブジェクトの作成

　Hierarchyウィンドウで"Arm_L_Limb_Solver"をマウスの右ボタンクリックし、"Create Empty"を選択します。子に追加された"GameObject"の名前を、"Arm_L_Limb_Solver_Target"に変更します。

手順② ターゲットオブジェクトの選択ダイアログを開く

　Hierarchyウィンドウで"Arm_L_Limb_Solver"を選択し、Inspectorウィンドウで"Limb Solver 2D"の"Target"の右端にある⦿をクリックします。

手順③ 左腕のターゲットオブジェクトの設定

　ダイアログが開くので、検索フィールドに

◆表1　"IK Solvers"の名前

現在の名前	新しい名前
New LimbSolver2D	Arm_L_Limb_Solver
New LimbSolver2D(1)	Arm_R_Limb_Solver
New LimbSolver2D(2)	Leg_L_Limb_Solver
New LimbSolver2D(3)	Leg_R_Limb_Solver

◆図6　LimbとTargetの構造

```
▼ Arm_L_Limb_Solver
    Arm_L_Limb_Solver_Target
▼ Arm_R_Limb_Solver
    Arm_R_Limb_Solver_Target
▼ Leg_L_Limb_Solver
    Leg_L_Limb_Solver_Target
▼ Leg_R_Limb_Solver
    Leg_R_Limb_Solver_Target
```

◆表2　ターゲットオブジェクトの設定

Limb Solver	Target
Arm_L_Limb_Solver	Arm_L_Limb_Solver_Target
Arm_R_Limb_Solver	Arm_R_Limb_Solver_Target
Leg_L_Limb_Solver	Leg_L_Limb_Solver_Target
Leg_R_Limb_Solver	Leg_R_Limb_Solver_Target

◆図7　"Arm_L_Effector"の位置

"Arm_L_Limb_Solver_"と入力してフィルターし、手順①で作成した"Arm_L_Limb_Solver_Target"を選択します。

　"Limb Solver 2D"コンポーネントのTargetプロパティに"Arm_L_Limb_Solver_Target"が設定されます。

　同様に、"Arm_R_Limb_Solver"、"Leg_L_Limb_Solver"、"Leg_R_Limb_Solver"の子にも"GameObject"を追加し、名前をそれぞれ"Arm_R_Limb_Solver_Target"、"Leg_L_Limb_Solver_Target"、"Leg_R_Limb_Solver_Target"にします（図6）。

　"Limb_Solver"それぞれの"Target"の右端にある⦿をクリックして追加した子を設定します。

　最終的に4つセットした状態が表2のようになります。

Effectorの追加

　次にTargetを追いかける、Effectorを追加していきます。

手順① 左腕用エフェクターの作成

　Hierarchyウィンドウで、"Fei/bone_1/bone_13/bone_14"を右クリックし、"Create Empty"を選択します。名前を"Arm_L_Effector"に変更します。

手順② 左腕用エフェクターの座標設定

　Sceneビューで"Arm_L_Effector"の座標を、"born_14"の先端になるように赤い矢印をドラッグして移動します（図7）。

手順③ エフェクターの選択ダイアログの表示

　Hierarchyウィンドウで"Arm_L_Limb_Solver"を選択し、Inspectorウィンドウで"Limb Solver 2D"の"Effector"の右端にある⦿をクリックします。

手順④ 左腕用エフェクターの選択

　ダイアログが開くので、検索フィールドに"Arm_L_Effector"と入力してフィルターします。手順①で作成した"Arm_L_Effector"を選択します。

◆図8　Effectorの設定

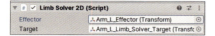

◆図9　左腕が反対に曲がる

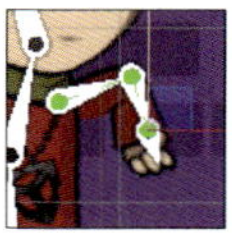

◆図10　左腕が正しい方向に曲がる

◆図11　右腕が正しく曲がる

"Limb Solver 2D"コンポーネントのEffectorプロパティに"Arm_L_Effector"が設定されました（図8）。

これで左腕がIKで操作できるようになりました。確認してみましょう。

Hierarchyウィンドウで"Arm_L_Limb_Solver_Target"を選択します。ツールバーで「移動ツール」アイコンを選びます。Sceneビューで移動ポイントをドラッグして動かします。

動きましたが、腕が反対に曲がってしまっていました（図9）。

左腕の曲りを調整

左腕の曲がりを逆にします。

Hierarchyウィンドウで"Arm_L_Limb_Solver"を選択しmInspectorウィンドウで"Limb Solver 2D"コンポーネントにある、"Flip"にチェックを入れます。

もう一度"Arm_L_Limb_Solver_Target"を動かしてみましょう。左腕が正しい方向に曲がりました（図10）。

右腕の設定

左腕と同様に右腕も設定していきます。

手順①　右腕用エフェクターの作成

Hierarchyウィンドウで、"Fei/bone_1/bone_10/bone_11"を右クリックし、"Create Empty"を選択します。名前を"Arm_R_Effector"に変更します。

手順②　右腕用エフェクターの座標設定

Sceneビューで"Arm_R_Effector"の座標を、"born_11"の先端になるように赤い矢印をドラッグして移動します。

手順③　エフェクターの選択ダイアログの表示

Hierarchyウィンドウで"Arm_R_Limb_Solver"を選択し、Inspectorウィンドウで"Limb Solver 2D"の"Effector"の右端にある⊙をクリックします。

手順④　右腕用エフェクターの選択

ダイアログが開くので、検索フィールドに"Arm_R_Effector"と入力してフィルターし、絞り込まれた"Arm_R_Effector"を選択します。

"Limb Solver 2D"コンポーネントのEffectorプロパティに"Arm_R_Effector"が設定されました。

この腕も逆に曲がるので、Hierarchyウィンドウで"Arm_R_Limb_Solver"を選択しInspectorウィンドウで"Limb Solver 2D"コンポーネントにある、"Flip"にチェックを入れます。

"Arm_R_Limb_Solver_Target"を動かしてみて、右腕が正しく追従してくるか確認しましょう（図11）。

特集1　Unity 2020で学ぶ ゲーム開発最前線

◆図12　左足が動く

◆図13　右足が動く

左足の設定

腕と同様に、左足を設定していきます。

手順① 左足用エフェクターの作成

Hierarchyウィンドウで、"Fei/bone_1/bone_19/bone_20"を右クリックし、"Create Empty"を選択し、名前を"Leg_L_Effector"に変更します。

手順② 左足用エフェクターの座標設定

Sceneビューで"Leg_L_Effector"の座標を、"born_20"の先端になるように赤い矢印をドラッグして移動します。

手順③ エフェクターの選択ダイアログの表示

Hierarchyウィンドウで"Leg_L_Limb_Solver"を選択し、Inspectorウィンドウで"Limb Solver 2D"の"Effector"の右端にある◉をクリックします。

手順④ 左足用エフェクターの選択

ダイアログが開くので、検索フィールドに"Leg_L_Effector"と入力してフィルターします。絞り込まれた"Leg_L_Effector"を選択します。

"Limb Solver 2D"コンポーネントのEffectorプロパティに"Leg_L_Effector"が設定されました。

"Leg_L_Limb_Solver_Target"を動かしてみて、左足が正しく追従してくるか確認しましょう（図12）。

右足の設定

最後に、右足を設定していきます。

手順① 右足用エフェクターの作成

Hierarchyウィンドウで、"Fei/bone_1/bone_16/bone_17"を右クリックし、"Create Empty"を選択し、名前を"Leg_R_Effector"に変更します。

手順② 右足用エフェクターの座標設定

Sceneビューで"Leg_R_Effector"の座標を、"born_17"の先端になるように赤い矢印をドラッグして移動します。

手順③ エフェクターの選択ダイアログの表示

Hierarchyウィンドウで"Leg_R_Limb_Solver"を選択し、Inspectorウィンドウで"Limb Solver 2D"の"Effector"の右端にある◉をクリックします。

手順④ 右足用エフェクターの選択

ダイアログが開くので、検索フィールドに"Leg_R_Effector"と入力してフィルターし、絞り込まれた"Leg_R_Effector"を選択します。

"Limb Solver 2D"コンポーネントのEffectorプロパティに"Leg_R_Effector"が設定されました。

"Leg_R_Limb_Solver_Target"を動かしてみて、左足が正しく追従してくるか確認しましょう（図13）。

第2章　2Dインバースキネマティクス

IKでアニメーションの作成

インバースキネマティクスを使って両腕両足を動かす準備ができました。最初にアイドルアニメーションの作成してみます。停止している状態で、上下に揺れているアニメーションを作成していきます。

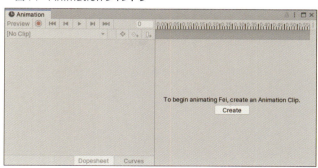

◆図14　Animationウィンドウ

Animatorを作成

アニメーションを作成するには、まずAnimatorを作成します。Animatorは、このキャラクターの持っている全てのアニメーションクリップを制御するのに必要になります。アニメーションクリップとは「アイドル」「歩く」「ジャンプする」など各々のアニメーションのデータです。

手順① Animator Controllerの作成

Projectウィンドウで、Assetsを右クリック「Create > Folder」で、"Animator"フォルダを作成します。"Animator"フォルダーを右クリックして、「Create > Animator Controller」を選択します。生成されたファイルの名前を"Fei"に変更します。正確なファイル名はProjectウィンドウの下部のステータスバーに"Fei.controller"と表示されています。

手順② Animatorコンポーネントの追加

Hierarchyウィンドウで"Fei"のゲームオブジェクトを選択し、Inspectorウィンドウで[Add Component]ボタンを押して、検索ボックスに"Animator"と入力します。フィルターされた"Animator"コンポーネントを追加します。

手順③ Animator Controllerの設定

Animatorコンポーネントの"Controller"プロパティに、先程作成した"Animator/Fei"をプロジェクトウィンドウからドロップするか、右の◉を押して選択してセットします(注2)。

注2)　"Fei.controller"は元々サンプルに入っているのもあるので、パスを良く確認してください。

右向きアイドルアニメーションクリップの作成

右向きのアイドルアニメーションを作成するために、アニメーションクリップのファイルを作成していきます。

手順① アニメーションクリップを作成するフォルダの作成

Projectウィンドウで、Assetsを右クリック「Create > Folder」で、"Animation"フォルダを作成します。さらに"Animation"フォルダの下に"Fei"フォルダを作成してください。

手順② Animationウィンドウの表示

Animationウィンドウを表示します。メニューから「Window > Animation > Animation」でAnimationウィンドウを表示します。

手順③ アニメーションクリップの作成

Hierarchyウィンドウで"Fei"を選択し、Animationウィンドウの[Create]ボタンを押します(図14)。

ファイル保存ダイアログが開くので、"Assets/Animation/Fei"のフォルダに、ファイル名を"idle_right@Fei.anim"と指定します。

右向きアイドルアニメーションの作成

アニメーションクリップは作成した段階ではまだ何もアニメーションデータがありません。時間

37

軸に沿って重要な箇所にキーと値をセットしていきます。各キーの間の値は自動で補完されるキーフレームアニメーションを作成してきます。

手順① Feiを真っ直ぐに立った状態にする

Feiを真っ直ぐに立った状態に直します（図15）。前回設定した、"Arm_L_Limb_Solver_Target"、"Arm_R_Limb_Solver_Target"、"Leg_L_Limb_Solver_Target"、"Leg_R_Limb_Solver_Target"をそれぞれ移動して、Feiを真っ直ぐ立った状態に戻します。これから作るアイドルアニメーションの動きのために、"Solver_Target"はできるだけ"Effector"に近づけておきます。

手順② すべての"Target"の選択

Hierarchyウィンドウで、"Arm_L_Limb_Solver_Target"、"Arm_R_Limb_Solver_Target"、"Leg_L_Limb_Solver_Target"、"Leg_R_Limb_Solver_Target"と"bone_1"を選択します。

Ctrlキー（MacはCommandキー）を押しながらマウスクリックすると複数選択できます（図16）。

手順③ 記録モードにする

Animationウィンドウにアニメーションキーを記録する赤い丸のレコードモードボタンがあるので押します。このボタンが押されているときに、GameObjectの移動などの操作を行うと、現在のキーフレームに記録されます。

手順④ 最初のキーフレームの記録

Inspectorウィンドウの"Position"の上で右クリックし、コンテキストメニューから「Add Key」を選択し、最初のフレームに現在のPositionを記録します（図17）。

手順⑤ 2つ目のキーフレームの記録

キーフレームを"0:15"に移動します。Hierarchyウィンドウから"bone_1"を選択し、Sceneビューでマウスをドラッグし少し下に移動します（図18）。

キーの無い場所で動かすと新たにキーが作成さ

◆ 図15 Feiを真っ直ぐ立った状態にする

◆ 図16 複数のGame Objectを選択

◆ 図18 "bone_1"を少し下に移動

◆ 図17 最初のフレームに現在のPositionを記録

第2章　2Dインバースキネマティクス

◆図19　アイドルアニメーションのキーフレーム設定

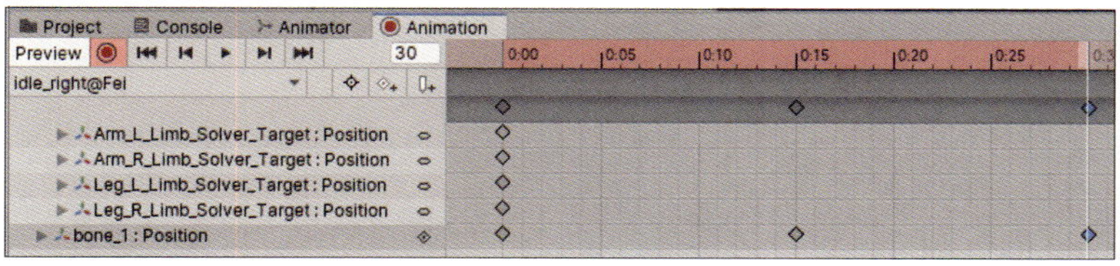

◆図20　Animatorウィンドウ

◆図21　新規アニメーションクリップの作成

れます。少し腰を落とした感じにします（もし間違ったキーを削除する場合、キーを選択してDeleteキーを押します）。

手順⑥　最後のキーフレームの記録

キーフレームを"0:30"に移動します。"bone_1"の座標を"0:00"フレームと同じ座標にします。現在までのキーフレームの状態は、図19のようになっています。

Animationウィンドウの再生ボタンを押してアニメーションを再生して動きを確認します。うまく膝を曲げて体が上下に動くようになったでしょうか？

一発で良い感じに動くのは難しいと思います。各"SolverTarget"や"bone_1"の位置を変更して試行錯誤を繰り返します。例えば"Leg_L_Limb_Solver_Target"の座標を更新する場合は、"0:00"フレームに移動して"Leg_L_Limb_Solver_Target"を移動します。レコードモードボタンがONの場合は、移動した座標に自動的に更新されます。

納得できる動きになったら、次に進んでください。

右向きアイドルアニメーションのためのアニメーター（Animator）設定

作成したアイドルのアニメーション"idle_right@Fei"をアニメーター（Animator）に設定します。アニメーターはひとつのキャラクターが行うアイドルや歩行など複数のアニメーションをまとめて管理します。

手順①　実行直後の最初のアニメーションの設定

メニューから「Window > Animation > Animator」でAnimatorウィンドウを表示します。

Hierarchyウィンドウで"Fei"を選択します。Animatorウィンドウは図20のように表示されています。実行直後に"Entry"から"idle_right@Fei"へ最初のアニメーションが再生されるようになっています。

ツールバーの再生ボタンを押して実行してGameウィンドウで確認してみましょう。Feiがアイドルアニメーションをしていれば成功です。

左向きアイドルアニメーションクリップの作成

右向きのアイドルアニメーションを反転させて、左向きのアイドルアニメーションを作成します。

手順①　左向きアイドルアニメーションクリップの作成

Animationウィンドウでクリップ名"idle_right@Fei.anim"をクリックして「Create New Clip...」を選びます（図21）。

新規にアニメーションクリップが作成されるので、ファイル名を"idle_left@Fei.anim"として保存しましょう。

39

特集1　Unity 2020で学ぶ ゲーム開発最前線

◆ 図22　Scaleアニメーションの追加

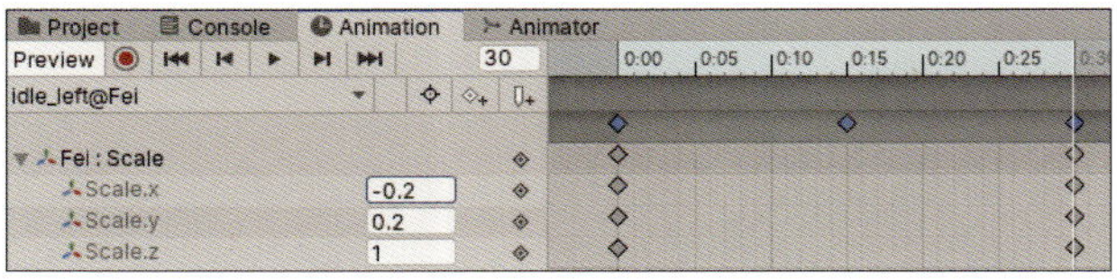

◆ 図25　左向きアイドルアニメーション

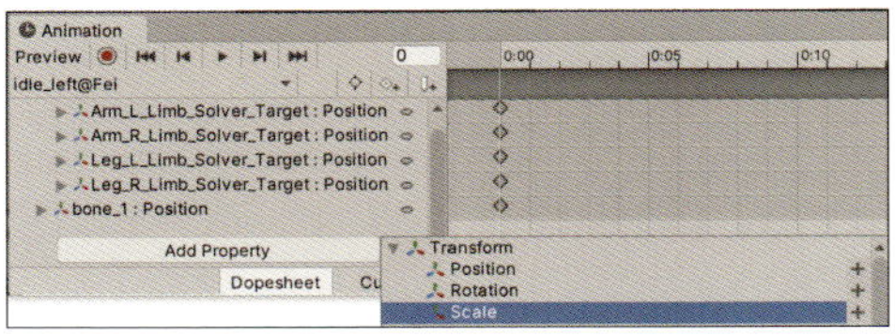

◆ 図23　マイナススケールでX軸反転

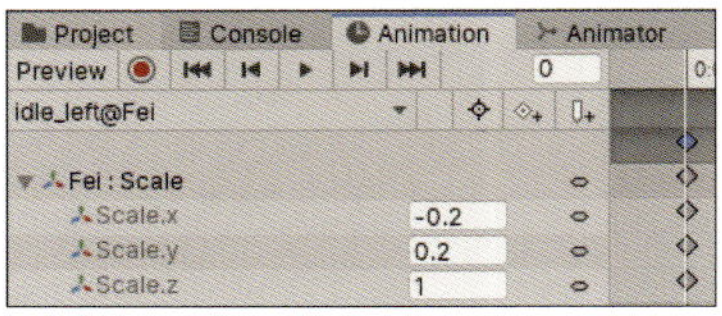

◆ 図24　左向きのタイムライン

左向きアイドルアニメーションの作成

右向きアイドルアニメーションをコピーして左向きに変更します。

手順①　右向きアイドルアニメーションのコピー

再度Animationウィンドウでアニメーションクリップの"idle_right@Fei"を選択します。Ctrl + Aを押して、すべてのアニメーションを選択します。続けてCtrl + Cを押してコピーします。

手順②　右向きアイドルアニメーションの貼り付け

アニメーションクリップ"idle_left@Fei"を選択して、Ctrl + Vを押して貼り付けます。

手順③　スケールアニメーションの追加

左向きのアイドルアニメーションの反転は、Scaleをマイナスにすることにより反転します。［Add Property］ボタンをクリックします。表示されるポップアップから「Transform > Scale」の右端の(＋)を押して追加します（図22）。

手順④　最初のキーフレームのアニメーションの反転

タイムラインの"0:00"に白い縦線が表示されていることを確認して、Scale.xのテキストボックスに"-0.2"と入力します（図23）。

手順⑤　最後のキーフレームのアニメーションの反転

タイムライン上で白い縦線をドラッグして、最後の"0:30"に移動します。最後までスケールを反転させるので、Scale.xのテキストボックスに"-0.2"と入力します（図24）。

アニメーションを再生するとFeiが左向きでアイドルアニメーションをしています（図25）。

右向きのアイドルアニメーションにスケール追加

左向きで"-0.2にしたスケールScale.xを、右向きアニメーションではプラスの値"0.2"に戻す必要があります。

第2章　2Dインバースキネマティクス

> 手順① 右向きのアイドルアニメーションに
> スケールアニメーションの追加

アニメーションクリップ"idle_right@Fei"を選択します。Scale.xの追加手順は左向きで行った方法と同じです。[Add Property]ボタンをクリックし、「Transform > Scale」の右端の(+)を押して追加します。Scale.xを最初と最後のフレームで"0.2"にします。

右向き歩きアニメーションの作成

アイドルアニメーションに足と腕の動きを加えて、歩きアニメーションを作成します。歩きアニメーションは、手を振りながら、足を交互に前後に動かすアニメーションを作成します。ただし、片方の腕"Arm_R_Limb_Solver_Target"は後ほど杖をもたせて実行時にIKを使うようにするため、アニメーションを付けないでおきます。

> 手順① 右向き歩きアニメーションクリップの
> 作成

Animationウィンドウでクリップ名をクリックして「Create New Clip...」を選びます。新規にアニメーションクリップが作成されるので、ファイル名を"walk_right@Fei.anim"として保存しましょう。

> 手順② 右向きアイドルアニメーションの
> コピーと貼り付け

"idle_right@Fei"を開き Ctrl + Aで全選択し、続けて Ctrl + Cでコピーします。"walk_right@Fei.anim"を開きCtrl + Vで貼り付けます。

> 手順③ 右足を前に出す

タイムラインの"0:08"辺りをクリックして、フレームを移動します。"Leg_R_Limb_Solver_Target"を選択して移動し、右足を前に出します(図26)。
　Inspectorウィンドウの"Transform"の"Position"辺りで右クリックします。コンテキストメニューから"Add Key"を選択します。
　"0:08"に"Leg_R_Limb_Solver_Target"のPositionのキーが追加されました(図27)。

> 手順④ 左足を後ろに出す

"Leg_L_Limb_Solver_Target"を選択して移動し、左足を後ろに出します(図28)。Inspectorウィンドウの"Transform" > "Position"辺りで右クリックし"Add Key"で値をセットします。

> 手順⑤ 左腕を前に出す

"Arm_L_Limb_Solver_Target"を選択して移動し、左腕を前に出します(図29)。Inspectorウィン

◆ 図26　右足を前に出す

◆ 図28　左足を後ろに出す

◆ 図29　左腕を前に出す

◆ 図27　右足を前に出した状態のキーフレーム

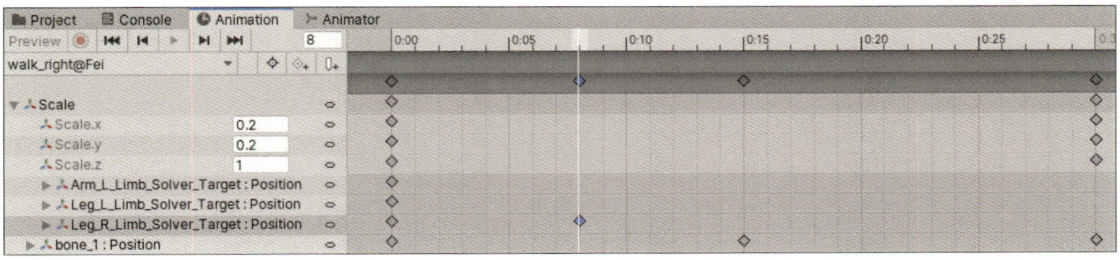

特集1　Unity 2020で学ぶ ゲーム開発最前線

◆図30　キーフレームの値をコピー

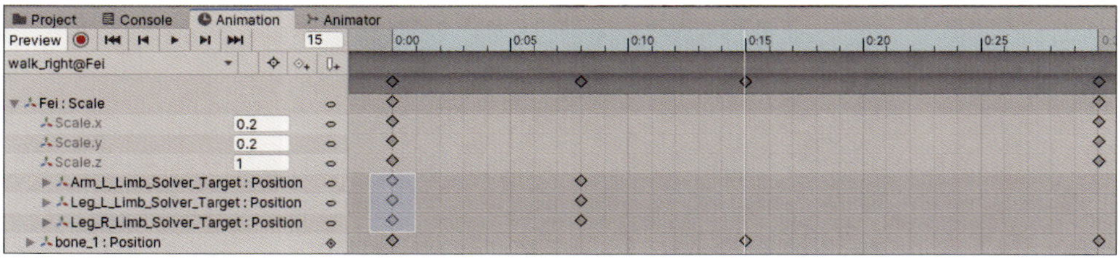

◆図31　左足を前に出す

◆図32　右足を後ろに出す

◆図33　左腕を下に向ける

ドウの"Transform" > "Position"辺りで右クリックし"Add Key"で値をセットします。

手順⑥　タイムラインのコピーと貼り付け

　タイムラインの"0:15"の辺りをクリックします。
　"0:00"の"Arm_L_Limb_Solver_Target"、"Leg_L_Limb_Solver_Target"、"Leg_R_Limb_Solver_Target"の値を"0:15"にコピーするために、"0:00"の菱形(◆)3つをマウスドラッグで選択します(図30)。Ctrl + Cを押してコピーします。Ctrl + Vを押すと、"0:15"にコピーされます。

手順⑦　左足を前に出す

　タイムラインの"0:23"の辺りをクリックします。
　"Leg_L_Limb_Solver_Target"を選択して移動し、左足を前に出します(図31)。"Position"を右クリックして"Add Key"を選択して値をセットします。

手順⑧　右足を後ろに出す

　"Leg_R_Limb_Solver_Target"を選択して移動し、右足を後ろに出します(図32)。"Position"を右クリックして"Add Key"を選択して値をセットします。

手順⑨　左腕を下に向ける

　"Arm_L_Limb_Solver_Target"を選択して移動し、左腕を下に向けます(図33)。"Position"を右クリックして"Add Key"を選択して値をセットします。

手順⑩　最後のキーフレームの値を最初のキーフレームを同じにする

　タイムラインの"0:30"の辺りをクリックします。Ctrl + Vを押して先程コピーした"0:00"フレームの値を、ペーストします。最終的なタイムラインは図34のようになっています。

　アニメーションウィンドウの再生ボタンを押して歩いているのを確認しましょう。動きがおかしい場合は、キーの値を調整したり、新たにキーを追加したりして調整してみましょう。

左向き歩きアニメーションの作成

　左向きの歩きアニメーションは、右向き歩きアニメーションを反転します。

第2章　2Dインバースキネマティクス

◆図34　右向き歩きアニメーションのキーフレーム

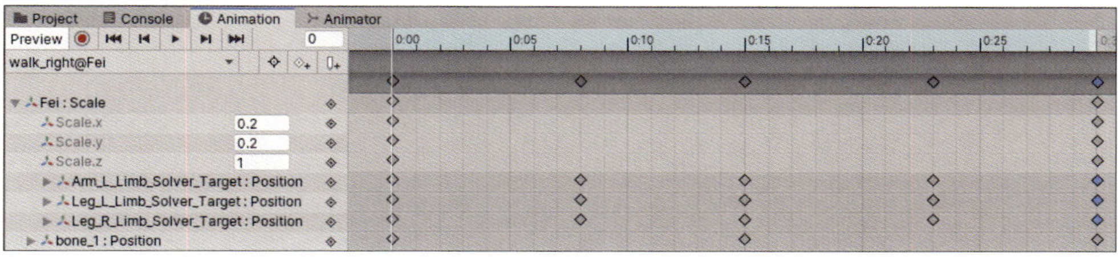

◆図35　左向き歩きアニメーションのタイムライン

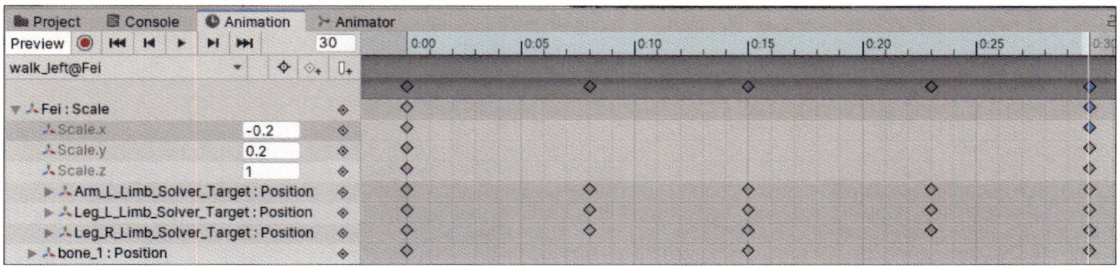

手順①　左向き歩きアニメーションアニメーションクリップの作成

Animationウィンドウでクリップ名をクリックして「Create New Clip...」を選びます。ファイル名を"walk_left@Fei.anim"として保存しましょう。

手順②　右向き歩きアニメーションのコピーと貼り付け

"walk_right@Fei"のアニメーションをコピーします。アイドルの時に行った手順でコピーしてきます。"walk_right@Fei"を開きCtrl + Aで全選択し、続けてCtrl + Cでコピーします。"walk_left@Fei.anim"を開きCtrl + Vで貼り付けます。

手順③　最初のキーフレームのアニメーションの反転

"Fei: Scale.x"をマイナスにして反転します。タイムラインの"0:00"をクリックします。Scale.xのテキストボックスに"-0.2"と入力します。

手順④　最後のキーフレームのアニメーションの反転

タイムラインの"0:30"をクリックします。Scale.xのテキストボックスに"-0.2"と入力します。

最終的なタイムラインは図35のようになっています。アニメーションウィンドウの再生ボタンを押して左向きに歩いているのを確認しましょう。

Animatorの設定

これまで作成したアイドル、歩行のアニメーションをAnimatorを使って制御します。

Animatorには与えたパラメーターの条件によってアニメーションを自動的に切り替えてくれる"Blend Tree"という機能があります。

これを使って移動速度と向きの値を与えて、アニメーションを切り替えるようにしてみます。

◆アイドルアニメーションのブレンドツリーの作成

最初にアイドルアニメーションのブレンドツリーを作成していきます。

手順①　不要なアニメーションノードの削除

Hierarchyウィンドウで"Fei"を選択して、Animatorウィンドウを確認します。既にある"idle_right@Fei"、"idle_left@Fei"、"walk_left@Fei"、"walk_left@Fei"は不要なので削除します。それぞれのノードを右クリックして、コンテキストメ

43

特集1　Unity 2020で学ぶ ゲーム開発最前線

◆図36　"Blend Tree"の作成

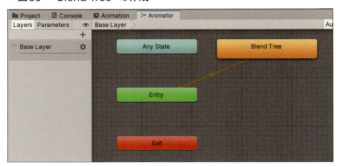

◆図37　"Blend Tree"ノード

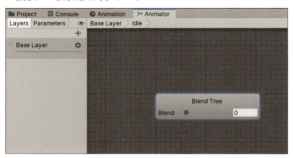

◆図38　"idle_left@Fei"のセット

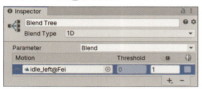

◆図39　"idle_left@Fei"のThresholdの値を"-1"にする

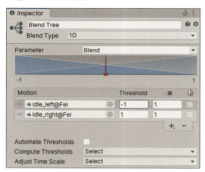

◆図40　完成したアイドルモーションツリー

ニューから"Delete"を選びます。

手順②　アイドルアニメーションの"Blend Tree"の作成

　向きのパラメーターでアイドルアニメーションを自動的に左右を向くようにしていきます。ノードの無い背景が格子状になっている所で右クリックしてコンテキストメニューを開き、「Create State > From New Blend Tree」を選択します。"Blend Tree"ノードが作成されます（図36）。

手順③　名前の変更

　[Blend Tree]ノードをクリックしてInspectorウィンドウで名前を"Idle"に変えます。

手順④　Motion Field の作成

　[Idle]ノードをダブルクリックして、"Blend Tree"設定を開きます（図37）。Inspectorウィンドウの"Motion"の"List is Empty"と表示されているリストの右下のプラスボタン[+]をクリックします。"Add Motion Field"を選択します。リストに1行追加されます。

手順⑤　アイドルアニメーションクリップのセット

　"None(Motion)の右端にある◉をクリックしてアニメーションクリップ"idle_left@Fei"を選択します（図38）。再度"Motion"リストのプラスボタン[+]を押してもう一行追加します。アニメーションクリップは"idle_right@Fei"を選択します。

　"Automate Thresholds"のチェックを外し、"idle_left@Fei"のMotionのThresholdの値を"-1"にします（図39）。Blend Treeのノードは図40のようになりました。

手順⑥　Parameterの名前の変更

　Animationウィンドウの[Parameters]タブを選択します。"Blnd"を選択して、もう一度クリックすると名前を編集できるようになります。"Blend"は

第2章　2Dインバースキネマティクス

◆図41　LookX=1.0

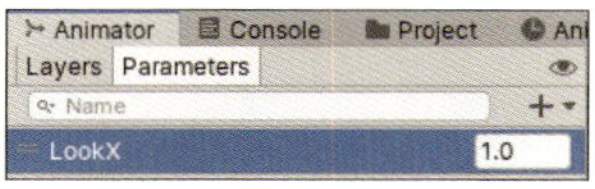

◆図42　歩きのブレンドツリー設定

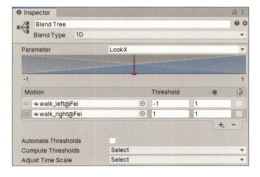

◆図43　"SpeedX"が追加された状態

◆図44　遷移の状態

使わないので"LookX"に変更します。この値が1のとき右向き、"-1"のとき左向きのアニメーションが流れるようにすると決めます。実行直後に右を向いているように、値に"1.0"を入れます（図41）。

歩きアニメーションのブレンドツリーの作成

次に歩きアニメーションのブレンドツリーを作成していきます。

手順① 歩きアニメーションの"Blend Tree"の作成

"Base Layer"を選択します。"Idle"と同様にノードの無い場所で右クリックしてコンテキストメニューを開き、「Create State > From New Blend Tree」を選択します。

手順② 名前の変更

[Blend Tree]ノードをクリックしてInspectorウィンドウで名前を"Walk"に変えます。

手順③ Motion Field の作成

"Walk"ノードをダブルクリックし、Inspectorウィンドウの"Motion"リストのプラスボタン[+]をクリックして"Add Motion Field"を選択します。

手順④ 歩きアニメーションクリップのセット

"None(Motion)の右端にある◉をクリックしてアニメーションクリップ"wake_left@Fei"を選択します。

再度"Motion"リストのプラスボタン[+]を押してもう一行追加します。アニメーションクリップは"walk_right@Fei"を選択します。

"Automate Thresholds"のチェックを外し、"walk_left@Fei"のMotionのThresholdの値を"-1"にします。

歩きのBlend Treeはこれで完成です（図42）。

パラメーターによるアニメーションの遷移の作成

ここまででアイドルと歩きのアニメーションのブレンドツリーができました。次は移動速度によってアイドルと歩きのブレンドツリーの遷移が行われるようにしていきます。

手順① 移動速度のパラメーターの作成

Animationウィンドウの[Parameters]タブを選択します。

上部のテキストボックスの右端のプラスボタン[+]を押して、表示されたウィンドウで"Float"を選択します。

パラメーターの名前を"SpeedX"にします（図43）。

手順② アイドルから歩きアニメーションへの遷移の作成

"Idle"ノード移動速度のパラメーターの作成を右

45

特集1　Unity 2020で学ぶ ゲーム開発最前線

◆図45　ステートマシンの状態

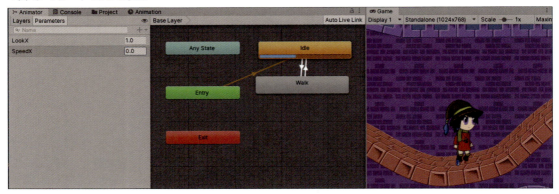

クリックして、ポップアップメニューから"Make Transition"を選択します。矢印が表示されるので、"Walk"ノードに持っていって、左クリックします。"Idle"から"Walk"に白い矢印が引かれます（図44）。

手順③　アニメーション遷移の設定

"Idle"から"Walk"につながった白い矢印をクリックします。Inspectorウィンドウで"Has Exit Time"のチェックを外します。このチェックを外すと、遷移が行われる場合アニメーションの終了を待たずに即遷移が行われます。

手順④　歩く速度のパラメータの設定

Inspectorウィンドウの Conditionsのプラスボタン［+］を押します。パラメーターを"SpeedX"を選択し、条件は"Greater"、値は"0.1"にします。"SpeedX"の値が"0.1"より大きいときに"Idle"から"Walk"に遷移します。

手順⑤　歩きからアイドルアニメーションへの遷移の作成

今度は逆に"Walk"から"Idle"への遷移を作成します。"Walk"ノードを右クリックして、"Make Transition"を選択します。矢印が表示されるので、"Idle"ノードに持っていって、左クリックします。"Walk"から"Idle"につながった白い矢印をクリックします。Inspectorウィンドウで"Has Exit Time"のチェックを外します。

手順⑥　遷移の条件設定

Inspectorウィンドウの Conditionsのプラスボタン［+］を押します。パラメーターを"SpeedX"を選択し、条件は"Less"、値は"0.1"にします。"SpeedX"が0.1より小さくなると"Walk"から"Idle"にアニメーションが遷移します。

実行して確認してみましょう。

作成したステートマシンの状態をリアルタイムに確認できます（図45）。実行中にParametersの"SpeedX"に1を入力すると歩きのアニメーションに遷移します。"0"に戻すとアイドルアニメーションに戻ります。

実行時にIKを使う

作成したアイドルアニメーションは、キーフレームに予め決まったPositionを指定してインバースキネマティクスのアニメーションを作成しました。

次章でマウスポインターの方向に腕を向ける動きを付けるために、実行時にターゲット座標を動的に指定して、インバースキネマティクスで動かす準備をしておきます。ここではキャラクターの右手に杖を持たせ、実行時に腕を任意の座標の方向へ向けることができるようにしておきます。

◆杖を持たせる

まず杖を持たせます。

第2章　2Dインバースキネマティクス

◆図46　杖を持たせる

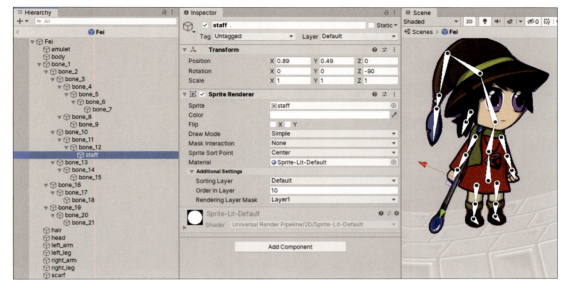

手順① キャラクターのプレハブ編集モードに入る

まずキャラクターに杖を持たせるためにプレハブを編集するモードに入ります。Hierarchyウィンドウで"Fei"を選択し、Inspectorウィンドウの[Prefab Open]"ボタンを押します。

手順② 杖を持たせる

Prefab編集モードで、Hierarchyウィンドウにある"staff"をドラッグして"bone_12"の子にします。移動ツールや回転ツールを使って、右手に持たせるような位置に持っていきます。著者の環境では、Position:X=0.89, Y=0.49, Z=0, Rotation:X=0, Y=0, Z=-90がちょうど良い感じでした（**図46**）。

杖の位置の調整が終わったらHierarchyウィンドウの左上の"<"ボタンを押して、Prefab編集モードを終了します。

右手のキーフレームアニメーションの削除

現在右手はアイドルアニメーションで制御されています。今回右手は、実行時にリアルタイムでインバースキネマティクスを適用するので、右手のキーフレームアニメーションは削除します。

手順① 右向きアイドルアニメーションから右手のキーフレームアニメーションの削除

Hierarchyウィンドウで"Fei"を選択し、Animationウィンドウで"idle_right@Fei"のアニメーションクリップを選択します。"Arm_R_Limb_Solver_Target"を選択し、マウス右クリックで開くコンテキストメニューから"Remove Properties"を選択します。

手順② 左向きアイドルアニメーションから右手のキーフレームアニメーションの削除

同様にアニメーションクリップ"idle_left@Fei"からも、"Arm_R_Limb_Solver_Target"のアニメーションを削除しておきます。

ゲームを実行して、Sceneビューで"Arm_R_Limb_Solver_Target"を動かすと、アイドルアニメーションと関係なく右腕が"Arm_R_Limb_Solver_Target"の方向へ向きます。キーフレームアニメーションは削除されて、右腕は自由に制御できることが確認できます。

これで右腕を実行時にインバースキネマティクスで動かす準備ができました。次章で右腕をマウ

47

スポインターの方向に向けるようにしてみます。

これで全てのアニメーションの作成が終わりました。これまでに"Fei"に加えた変更をプレハブに反映させておきましょう。Hierarchyウィンドウで"Fei"を選択します。Inspectorウィンドウで、"Prefab"の項目の右側にある"Overrides"を押します。

開いたウィンドウの一番下にある"Apply All"を押します。これですべての変更をプレハブに反映できました。

最後にメニューの「File > Save」でシーンを保存しておきましょう。

まとめ

この章では2Dインバースキネマティクスを使ってキャラクターのアイドルと歩行のアニメーションを作成しました。

また作成したアニメーションをアニメーターのステートマシンとブレンドツリーを使ってパラメーターの値により自動的に遷移が行われるようにしました。

ここまで準備ができたらあとはユーザー入力と連携して、操作できるようにするだけです。次章では、新しくなった入力システムを使って、この章で作成したキャラクターを動かしてみます。

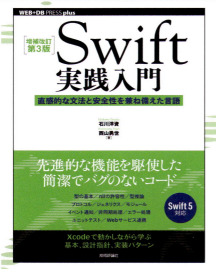

特集1 Unity 2020で学ぶゲーム開発最前線

第3章 新しい入力システム

これまでのInputManagerに変わる新しい入力システムが追加されました。この新しい入力システムを使って複数のプラットフォームやデバイスの入力を一元的に扱う方法を解説します。

新しい入力システムが必要になった背景

　Unityでこれまでのキーボードやマウス、ゲームパッドなどの入力は、InputManagerで取得する方法で行ってきました。しかしこの方法は古くに作られたもので、現在のような多数のプラットフォームやデバイスに対応するには使いにくくなっています。

　そこで新しい入力システムが考案されました。この新しい入力システムでは、キーボード、マウス、ゲームコントローラーやモバイルデバイスのタッチなどの物理的な入力と、ゲームコードが処理する論理的なアクションを分離しています。そのためゲームコードの変更することなく、後から新たな入力を追加することも、既存の入力を変更することも可能となりました。

　この新しい入力システムを使って、キャラクターをキーボードのやマウス、ゲームコントローラーで操作してみます。前節まで作成してきたキャラクターのアイドルと歩きのアニメーションとも連動させます。

Input Systemを インストールする

　まず最初にPackage Managerから、新しい入力システムである"Input System"をインストールします。

手順① Input Systemのインストール

　メニューから「Window > Package Manager」を選び、Package Managerで"Input System"を選びます。右下の[Install]ボタンを押します（図1）。

　"Warning"ダイアログが表示された場合は[Yes]

◆図1　"Input System"のインストール

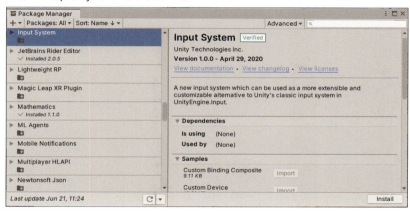

49

特集1　Unity 2020で学ぶ ゲーム開発最前線

◆図2　Actionの作成

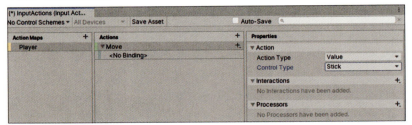

◆図3　"2D Vector"のKeyboard設定

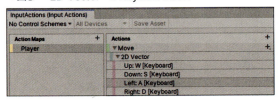

ボタンを押します。インポートが走り、しばらくするとインストールが終了します。ダイアログに書いてあるように一度Unityを再起動します。

入力設定を行う

入力をマッピングする設定ファイルを作成し、その入力を読み取るC#スクリプトを生成する方法を解説します。

入力設定ファイルの作成

論理的なアクションと物理的な入力をマッピングする設定ファイルを作成します。

手順①　Input Actionsの設定ファイルを保存する

フォルダの作成Projectウィンドウで、Assetsを右クリックし、「Create > Folder」で、"Input Actions"フォルダを作成します。

"InputActions"フォルダーを右クリックして、「Create > Input Actions」を選択します。

生成されたファイルの名前を"InputActions"に変更します。

手順②　アクションマップの作成

作成された"InputActions"ファイルをダブルクリックして開きます。左の枠の"Action Maps"の横の[+]ボタンを押し、アクションマップ名を"Player"にします。

手順③　キャラクターの移動アクションの作成

中央ペインのActionsの"New action"をクリックして、名前を"Move"に変更します。

右ペインのPropertiesの"Acton Type"を"Value"にし、Control Typeを"Stick"にします（図2）。これで、"Move"アクションはX軸とY軸のある数値入力であると設定しています。

手順④　不要な設定を削除

Moveの下の"<No Binding>"は不要なので削除します。右クリックして"Delete"を選択します。

手順⑤　入力タイプの設定

今回キャラクターは左右移動しかしないですが、GamepadのStickの設定をそのまま使うのが簡単にできるので、4方向の入力で作成していきます。

"Move"の右端にある[+]を押して"Add 2D Vector Composite"を選択します。

手順⑥　キーボード入力の設定

"2D Vector"が追加されて、上下左右に別々の入力を設定できるようになっています。

"Up: < No Binding>"を選択し、"Propertiesの"Path"の右にあるドロップダウンリストをクリックします。開いたリストから"Keyboard"を選択します。

次の選択項目は、"By Location of Key (Using US Layout)"を選択し、次の選択項目は、"W"を選択します。

同様に"Down"（キーは"S"）, "Left"（キーは"A"）,

第3章　新しい入力システム

"Right"（キーは"D"）の設定を行ってください。左右の2方向しか使わないのですが、全て設定しないと入力の値を取得することができません。ここまでの最終的な設定は図3のようになります。これでキーボードの"W","A","S","D"に上下左右のアクションが割り当てられました。

手順⑦　Gamepad入力の対応

中央ペインの"Actions"の"Move"の右端にある[+]をクリックします。"Add Binding"を選択します。

手順⑧　左スティックを割り当て

"Properties" > "Binding" > "Path"のドロップダウンリストから、"Gamepad" > "Left Stick"を選びます。

これでGamepadでの移動の設定もできました。

右上の[Save Asset]ボタンを押して、これまで設定してきた内容を保存します。

入力を読み取るC#スクリプトを生成

設定ファイルが作成できたので、次に入力を読み取るためのC#スクリプトを作成していきます。

手順①　C#のコードの生成

ここまで設定してきた入力設定を取得するC#のコードを生成します。この生成は自動生成となっています。

◆図4　"Fei"の足元をPlayerの中心座標にする

Projectウィンドウで、"Assets/InputActions/InputActions"を選択し、Inspectorウィンドウで、"Generate C# Class"のチェックを入れます。[Apply]ボタンを押します。

Projectウィンドウを見てみると"Assets/InputActions/InputActions.cs"のスクリプトファイルができています。このC#スクリプトファイルを参照することで入力設定を読み込むことができます。

プレイヤーのプレハブを作成する

入力で制御するプレイヤーのプレハブを作成していきます。前節で"Fei"のプレハブを作成しましたが、扱いやすいように親となるGameObjectを作成してその中に"Fei"のプレハブを入れて新たなプレハブを作成します。

手順①　Hierarchyウィンドウの"Fei"を一旦削除

Hierarchyウィンドウの"Fei"を右クリックし、開いたコンテキストメニューで"Delete"を選択します。

手順②　Playerゲームオブジェクトの作成

Hierarchyウィンドウの左上の[+]を押して、"Create Empty"を選択します。Hierarchyウィンドウに"GameObject"が作成されるので、Inspectorウィンドウで名前を"Player"に変更します。またZ座標が0でない場合は0にします。

手順③　FeiをPlayerの子にする

Projectウィンドウの"Assets/Prefab/Fei"プレハブを、Hierarchyウィンドウの"Player"の子になるようにドロップします。

手順④　座標の調整

"Player"の座標に、"Fei"の足元が来るように座標を調整していきます。ツールバーの表示が"Pivot"になっていることを確認し、ツールバーで移動ツールを選択して、"Fei"の足元がPlayerの中心座標に来るように移動します（図4）。

51

手順⑤ Playerをプレハブにする

Hierarchyウィンドウの"Player"をProjectウィンドウの"Assets/Prefab"にドロップします。

メニューから「File > Save」を選択してシーンも保存しておきましょう。

プレイヤーに物理運動を与える

プレイヤーを重力落下させて、地面で停止するようにします。

◆ 衝突判定と物理運動の追加

プレイヤーが落下して地面をすり抜けないようにコライダー(Collider)を入れていきます。コライダーは衝突判定を行うコンポーネントで、他のコライダーと接触するとすり抜けずに衝突します。

手順① Capsule Collider 2Dの追加

Hierarchyウィンドウで"Player"を選択し、Inspectorウィンドウで[Add Component]ボタンを押します。検索ボックスに"cap"を入力し絞り込み、"Capsule Collider 2D"を選択します。

手順② コライダーの調整

コライダーの位置とサイズを調整するために、Inspectorウィンドウに追加された"Capsule Collider 2D"の下の"Edit Collder"の右のアイコンボタンを押します。

◆図5　カプセルコライダーの調整

Sceneビューで、カプセルの形をした緑の線の上下左右にある四角い点をマウスでドラッグして動かして、体の部分の大きさに広げます(図5)。

手順③ Rigidbody 2Dの追加

物理運動で落下させるためのコンポーネントを追加します。Hierarchyウィンドウで"Player"を選択し、Inspectorウィンドウで[Add Component]ボタンを押します。検索ボックスに"rigi"を入力し絞り込み、2D用物理運動コンポーネントの"Rigidbody 2D"を選択します。

一度実行してみましょう。落下して、地面と衝突してこけたと思います。

◆ Z回転を止めてこけないようにする

今の状態では地面と衝突したらコケてしまうので、立って接地するようにしていきます。

手順① Z軸回転を止める

Hierarchyウィンドウで"Player"を選択します。Inspectorウィンドウで"Rigidbody 2D"にある"Constraints"の三角(arrow_forward)をクリックして開きます。"Freeze Rotation"の"Z"にチェックを入れてZ軸回転をしないようにします。

もう一度実行してみましょう。今度はFeiがこけずに着地するのを確認できると思います。

プレイヤーを移動させるスクリプトを作成する

一通り準備ができたので、新しいInput Systemを使ってスクリプトを作成し、プレイヤーを操作します。

◆ スクリプトの作成

プレイヤーを左右に動かすスクリプトを作成します。

手順① スクリプトの作成

Projectウィンドウで"Assets/Script"フォルダを

第3章　新しい入力システム

選択します。右クリックしてコンテキストメニューから「Create > C# Script」を選択します。ファイル名は、"PlayerController"にします。

手順②　スクリプトの編集

作成した"PlayerController.cs"をダブルクリックして、Visual Studioを開きます。"PlayerController.cs"の内容をリスト1の内容に書き換えます。

Unityに戻ると自動的にコンパイルが実行されます。コンパイル中はUnityの右下にクルクルと回る表示が出ます。この表示が消えるまで他の操作はできません。

スクリプトのセット

作成したスクリプト"PlayerController.cs"をプレイヤーのプレハブに設定します。

手順①　スクリプトをプレイヤーのプレハブにセット

Hierarchyウィンドウで"Player"を選択し、Inspectorウィンドウの下の方にある［Add Component］ボタンを押します。検索ボックスに"Player"と入力すると絞り込まれるので"Player Controller"を選択します。

一度実行して、"Fei"がキーボードの"WASD"かGamepadで入力した方向に進むか確認してみましょう。重力が弱くて、移動の勢いで浮いてしまうようです。

落下速度の調整

落下速度を大きくするために、"Fei"の重力加速度を大きくします。

手順①　重力加速度の調整

Hierarchyウィンドウで"Player"を選択し、Inspectorウィンドウの"Rigidbody 2D"コンポーネントの"Gravity Scale"を"5"にします。

実行してみましょう。良い感じに落下するよう

になったと思います。

◆ **リスト1　PlayerController.cs**

```
using UnityEngine;

// Rigidbody2Dコンポーネントが必要だと宣言します
[RequireComponent(typeof(Rigidbody2D))]
public class PlayerController : MonoBehaviour
{
    [SerializeField, Tooltip("移動速度")]
    private float m_moveSpeed = 10f;

    // 入力データを取得するクラス
    private InputActions m_inputActions;
    // Rigidbody2Dを保持しておきます
    private Rigidbody2D m_rigidbody2D;

    /// <summary>
    /// 最初に一度呼ばれます
    /// </summary>
    private void Awake()
    {
        // InputActionsをインスタンス化します
        m_inputActions = new InputActions();
        // このコンポーネントに付いている ⏎
Rigidbody2Dを取得します
        m_rigidbody2D = ⏎
GetComponent<Rigidbody2D>();
    }
    /// <summary>
    /// このコンポーネントが有効になった場合に ⏎
呼び出されます
    /// </summary>
    public void OnEnable()
    {
        // 入力を有効にします
        m_inputActions.Player.Enable();
    }

    /// <summary>
    /// このコンポーネントが無効になった場合に ⏎
呼び出されます
    /// </summary>
    public void OnDisable()
    {
        // 入力を無効にします
        m_inputActions.Player.Disable();
    }

    /// <summary>
    /// 物理処理を行うために定期的に呼び出されます
    /// </summary>
    void FixedUpdate()
    {
        // 現在の入力を取得します
        Vector2 inputMoveVector = m_ ⏎
inputActions.Player.Move.ReadValue<Vector2>();
        // 移動速度をセットします
        m_rigidbody2D.velocity = new ⏎
Vector2(inputMoveVector.x * m_moveSpeed, ⏎
m_rigidbody2D.velocity.y);
    }
}
```

53

移動とアニメーションの連動

Feiを進んでいる方向に向けて、移動速度によってアイドルか歩きのアニメーションを再生するようにしていきます。

向きの設定

方向をセットするには、Animatorのパラメーター"LookX"に左向き=-1, 右向き=1の値をセットします。そのためにAnimatorの参照が必要になるので、コードに追加します。

手順① Animatorを参照するメンバ変数の追加

"PlayerController.cs"を"Visual Studioで編集して、"m_moveSpeed"の行の下にAnimatorの参照を追加します（リスト2）。

属性 [SerializeField] は、Inspectorウィンドウで値をセットすることができるようになります。

◆リスト2　Animatorの参照の追加

```
private float m_moveSpeed = 10f;
// ここから追加
[SerializeField]
private Animator m_animator;
```

◆リスト3　"LookX"に値をセット

```
void FixedUpdate()
{
    :
    // ここから追加
    if (inputMoveVector.x != 0)
    {
        //入力がある場合 LookXに左向き=-1, 右向き=1の値をセットする
        float lookX = Mathf.Sign(inputMoveVector.x);
        m_animator.SetFloat("LookX", lookX);
    }
}
```

手順② "LookX"に値をセット

FixedUpdate()関数の最後にAnimatorのプロパティ"LookX"に向きを設定するコードを追加します（リスト3）。向きは、移動のために入力された値の符号をMathf.Sign()関数で求めています。その値をAnimatorのパラメーター"LookX"にSetFloat()関数でセットしています。

手順③ Animatorの参照をセット

一度Unityに切り替えてコンパイルの終了を待ちます。HierarchyウィンドウでPlayerを選択し、Inspectorウィンドウの"PlayerController"コンポーネントのAnimatorにInspectorウィンドウから"Fei"をドロップします（図6）。

実行してみましょう。移動方向にFeiが向いたと思います。

アイドルと歩きアニメーションの遷移

移動すると歩くアニメーションを再生するようにします。

手順① "SpeedX"に値をセット

FixedUpdate()関数の最後にAnimatorのプロパティ"SpeedX"に速度を設定するコードを追加しま

◆リスト4　"SpeedX"に値をセット

```
void FixedUpdate()
{
    :
    // ここから追加
    // 移動速度によってアイドルまたは歩くアニメーションにする
    m_animator.SetFloat("SpeedX", Mathf.Abs(m_rigidbody2D.velocity.x));
}
```

◆図6　"Fei"のAnimatorの参照をセット

す（リスト4）。現在の速度は、Rigidbody2Dの velocityから取得することができます。

実行してみましょう。移動すると歩くアニメーションが再生されると思います。

杖をマウスポインターの方に向ける

前の節でインバースキネマティクスで右腕を指定した座標に向けるようにしておきました。この節ではFeiに杖を持たせて、Input Systemでマウスポインターの座標を取得し、杖をその方向に向けてみます。

InputActionsにマウスポインターのアクションを追加

マウスの座標を取得するために、InputActionsを編集してマウス入力のアクションを追加します。

手順①　マウスアクションの追加

InputActionsウィンドウのActionsの右端の［＋］ボタンを押します。"New action"を"MousePoint"に変更します。

手順②　アクションタイプの設定

Propertiesの"Action Type"を"Value"に、"Control Type"を"Vector 2"にします。

手順③　マウス座標の取得

< No Binding >を選択して、PropertiesのPathをポップアップから「Mouse > Position」を選択します。表示は"Position [Mouse]"となります。[Save Asset]を押して保存します。

◆リスト5　"m_armRLimbSolverTarget"を追加

```
[SerializeField]
private GameObject m_armRLimbSolverTarget;
```

◆リスト6　マウス座標を保持する変数の追加

```
// 杖の向ける方向を指定する座標
private Vector3 m_rightArmTargetPosition = ⏎
Vector3.zero;
```

マウス入力の座標を取得するスクリプトの作成

作成したマウスアクションからスクリプトでマウスの座標を取得します。"Arm_R_Limb_Solver_Target"の座標を、取得したマウス座標と同じにします。注意点はマウス座標はスクリーン座標なので、ワールド座標に変換する必要があります。

手順①　ターゲットの参照を追加

"PlayerController.cs"をVisual Studioで編集して、m_animatorの下から**リスト5**のように追加します。

リスト5はGameObjectの"Arm_R_Limb_Solver_Target"の参照を保持する変数m_armRLimbSolverTargetを追加しています。

手順②　マウス座標の保持

m_rigidbody2Dの下からマウスポインターの座標を保持する変数m_rightArmTargetPositionを追加します（**リスト6**）。

手順③　マウスの座標を取得してワールド座標で保持

Awake()関数内の最後に、マウス座標を取得してm_rightArmTargetPositionにセットするコードを追加します（**リスト7**）。

MousePoint.performedにマウス座標が変化したときに呼び出される関数を追加します（❶）。「context.ReadValue< Vector2>();」でマウス座標を取得します（❷）。マウスのスクリーン座標をワールド座標に変換してm_rightArmTargetPositionにセットします（❸、❹）。

手順④　保持されたマウス座標をターゲットにセット

FixedUpdate()関数内の最後に、"Arm_R_Limb_Solver_Target"へマウスポインターのワールド座標m_rightArmTargetPositionをセットするコードを追加します（**リスト8**）。

◆リスト7　マウスのスクリーン座標をワールド座標に変換して保持

```
private void Awake()
{
    :
    // ❶ マウスポインターの座標に変化があった場合に呼び出されます
    m_inputActions.Player.MousePoint.performed += (context) =>
    {
        // ❷ マウス座標の取得
        Vector3 mousePosition = context.ReadValue<Vector2>();
        // ❸ カメラまでのZ距離(3)
        mousePosition.z = transform.position.z-Camera.main.transform.position.z;
        // ❹ マウスの座標をワールド座標に変換
        m_rightArmTargetPosition = Camera.main.ScreenToWorldPoint(mousePosition);
    };
}
```

◆リスト8　マウスのワールド座標をArmRLimbSolverTargetにセット

```
void FixedUpdate()
{
    :
    // ArmRLimbSolverTargetの座標を変更する
    m_armRLimbSolverTarget.transform.position = m_rightArmTargetPosition;
}
```

　実行してみましょう。
　Feiの腕が、インバースキネマティクスにより"Arm_R_Limb_Solver_Target"の方向へで向くようになりました。それにより杖がマウス座標の方へ向きます。

腕の描画優先順位の設定

　杖がマウス座標の方へ向くようになりましたが、よく見るとFeiの腕が顔の後ろに描画されています。描画の優先順位に問題があるので、腕が手前になるように"Order in Layer"を調整します。

手順①　右腕の描画順の設定

　Hierarchyウィンドウで"right_arm"を選択し、Inspectorウィンドウの"Sprite Renderer"の"Order in Layer"を10にします。

手順②　スカーフの描画順の設定　同様に"scarf"の"Order in Layer"を11にします。

　マフラーの後ろに腕が入って、まだ見た目がおかしいですが、この優先順位を正しくするには、マフラーの画像を首部分と垂れている部分に分離

◆図7　右腕の描画優先順位の修正

する必要があるので、今回はこのままにします（図7）。
　"Player"に加えた変更をプレハブに反映させておきましょう。Hierarchyウィンドウで"Player"を選択します。Inspectorウィンドウで、"Prefab"の項目の右側にある"Overrides"を押します。
　メニューの「File > Save」でシーンも保存しておきましょう。

弾の作成

　"Fei"を歩かせることもでき、杖もマウスポインターの方向に向けることができました。この節ではよりゲームらしくしていきたいと思います。前章の2Dライトを使って、杖の先から光の弾を発射してみましょう。

第3章　新しい入力システム

◆ 弾のプレハブの作成

まずは弾のプレハブを作成します。

手順①　"Bullet"ゲームオブジェクトの作成

Hierarchyウィンドウの左上の［+］を押して、"Create Empty"を選択します。生成された"GameObject"の名前を"Bullet"に変更します。Z座標を0にセットします。

手順②　"Bullet"にライトを追加

"Bullet"を右クリックして、"Light" > "2D" > "Point Light 2D"を選びます。"Bullet"の子に"Point Light 2D"がある階層構造になります。

手順③　Globalライトの調整

これで薄っすらライトが光っているのですが、見えにくいのでGlobalライトを暗くします。Hierarchyウィンドウで"Global Light 2D"を選択し、Inspectorウィンドウの"Light"コンポーネントにある"Intensity"を"0.1"にして暗くします。

手順④　弾となるライトのサイズ調整

Hierarchyウィンドウで"Point Light 2D"を選択し、Inspectorウィンドウでライトの大きさを変更します。"Inner Radius"=0.7, "Outer Radius"=2 にしてみました（図8）。

手順⑤　物理の追加

弾は移動させるので、"Rigidbody 2D"コンポーネントを追加します。Hierarchyウィンドウで"Bullet"を選択し、Inspectorウィンドウの［Add component］ボタンを押して、"Rigidbody 2D"コンポーネントを追加します。

弾は重力の影響を受けないので、"Rigidbody 2D"コンポーネントの"Gravity Scale"を0にします。

手順⑥　弾が飛んでいくスクリプトファイルの作成

Projectウィンドウで"Assets/Scripts"を選択します。右クリックして、「Create > C# Script」を選択し、作成されたファイルのファイル名を"Bullet"に変更します。

手順⑦　弾のコードの作成

"Bullet.cs"をダブルクリックして、Visual Studioで開き、リスト9のコードに置き換えます。

手順⑧　スクリプトの追加

"Bullet"スクリプトを、"Bullet"ゲームオブジェクトに追加します。Unityに戻って、Hierarchyウィンドウで"Bullet"を選択し、Inspectorウィンドウの［Add component］ボタンを押して、"Bullet"コンポーネントを追加します。

実行してみましょう。Bulletは上に飛んで行き、スクリプトが機能していることが分かります。弾は複数実体化して使うのでプレハブ化します。実行している場合は停止して、Hierarchyウィンドウの"Bullet"をプロジェクトウィンドウの"Assets/Prefab"にドロップしてプレハブ化します。

これで弾の準備ができました。

◆図8　"Point Light 2D"の設定

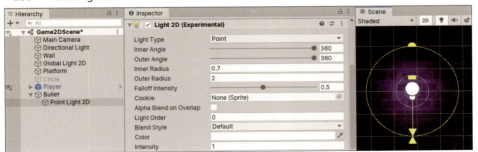

特集1 　Unity 2020で学ぶ ゲーム開発最前線

◆**リスト9　弾のスクリプト**

```
using UnityEngine;

// Rigidbody2Dコンポーネントが必要だと宣言します
[RequireComponent(typeof(Rigidbody2D))]
public class Bullet : MonoBehaviour
{
    [SerializeField, Tooltip("生存時間")]
    private float m_lifeTime = 1f;
    [SerializeField, Tooltip("移動速度")]
    private float m_speed = 10f;

    private Rigidbody2D m_rigidbody2D;
    // インスタンス化されたときに最初に一度呼ばれます
    private void Awake()
    {
        // このコンポーネントに付いているRigidbody2Dを取得します
        m_rigidbody2D = GetComponent<Rigidbody2D>();
    }
    // 有効である場合に最初に一度呼ばれます
    void Start()
    {
        // 向いている方向に杖の回転角度の90度の補正を加えて方向を算出し、力を加算します。
        Vector2 direction = (Vector2)(Quaternion.Euler(0f, 0f, transform.eulerAngles.z + 90f) * new ⤶
Vector2(1f, 0f));
        m_rigidbody2D.AddForce(direction * m_speed, ForceMode2D.Impulse);
    }
    // 定期的に呼び出されます
    void Update()
    {
        // 一定時間が経過すると破棄します
        m_lifeTime -= Time.deltaTime;
        if (m_lifeTime < 0f)
        {
            Destroy(gameObject);
        }
    }
}
```

◆ 弾の発射アクションの設定

　弾のプレハブが出来たので、弾を発射する入力デバイスに対応するアクションを追加します。キーボードまたはGamepadのボタンを押したときに弾を発射するようにするために、InputActionsにアクションを追加します。

手順① 弾の発射アクションを追加

　InputActionsウィンドウのActionsの右端の[+]ボタンを押します。"New action"の名前を"Fire"に変更します。Propertiesの"Action Type"が"Button"になっているのを確認します。

手順② ボタンを押したときだけアクションを実行

　その下のInteractionsの右端の[+]を押して、"Press"を選択します。追加された"Press"の

Trigger Behaviourが"Press Only"になっているのを確認します。押したときだけアクションが実行されます。

手順③ スペースキーで弾を発射

　キーボードのスペースキーで弾を発射する設定を作成します。< No Binding >を選択して、PropertiesのPathをポップアップから「Keyboard > By Location of Key(Using US Layout) > Space」を選択します。

手順④ ゲームパッドの左ボタンで弾を発射

　Gamepadの左ボタンでも弾を発射できるようにボタンを登録します。Fireの右端のプラスボタンを押し、"Add Binding"を選びます。< No Binding >を選択して、PropertiesのPathをポップアップか

第3章　新しい入力システム

◆ リスト10　弾を発射するスクリプト

```
[SerializeField, Tooltip("Bulletのプレハブ")]
private GameObject m_bulletPrefab;

[SerializeField, Tooltip("弾が発射される座標")]
private Transform m_fireStartTransform;

[SerializeField, Tooltip("次の弾が発射できる間隔")]
private float m_fireInterval = 0.2f;

// 弾が発射できる間隔のタイマー。連続で発射できないようにする。
private float m_fireIntervalTimer = 0f;
```

◆ リスト11　　弾を連続で発射できないようにする

```
private void Awake()
{
    :
    // Awakeの下の方にここから追加
    m_inputActions.Player.Fire.performed += (context) =>
    {
        // 弾が発射できない間隔か？
        if (m_fireIntervalTimer==0f)
        {
            // 弾を生成する
            Instantiate(m_bulletPrefab, m_
fireStartTransform.position, m_fireStartTransform.
rotation);
            // 弾が発射できない間隔をセット
            m_fireIntervalTimer = m_fireInterval;
        }
    };
}
```

◆ リスト12　Update()関数

```
/// <summary>
/// 定期的に呼び出されます
/// </summary>
private void Update()
{
    // 弾の発射間隔の時間を減らしていきます。
    if (m_fireIntervalTimer > 0f)
    {
        m_fireIntervalTimer -= Time.deltaTime;
        if (m_fireIntervalTimer <= 0f)
        {
            m_fireIntervalTimer = 0f;
        }
    }
}
```

ら「Gamepad > Button West」を選択します。

手順⑤　マウスの左ボタンで弾を発射

　同様にマウスの左ボタンでも弾を発射できるようにしてみましょう。Fireの右端のプラスボタンを押し、"Add Binding"を選びます。< No Binding >を選択して、PropertiesのPathをポップアップから「Mouse > Left Button」にします。

　[Save Asset]を押して保存します。弾を発射する入力の設定は完了です。

◆ 弾を発射する
　スクリプトの作成

　弾のプレハブと入力アクションができたので、弾を発射するスクリプトを作成していきます。

手順①　スクリプトの編集

　Projectウィンドウで、"Player Controller.cs"をダブルクリックしてVisual Studioで編集します。"m_arm RLimbSolverTarget"の下から**リスト10**を追加します。

手順②　弾を連続で発射できないようにする

　Awake()関数内の一番下に**リスト11**を追加します。Awake()関数はPlayer ControllerがインスタンスされたときにPlayer Controllerがインスタンス化されたときに最初に一度呼ばれます。Fireアクションが発生したときに、短時間で連射できないように、前回弾を発射した時間から一定間隔が時間が経過していたら、Bulletをインスタンス化して発射します。

手順③　発射間隔時間のカウント

　OnDisable()関数の下に、Update()関数（**リスト12**）を追加します。Update()関数は定期的に呼び出される関数です。弾の発射間隔の時間を減らしていきます。

　Unityに戻って自動的にビルドが始まります。エラーが無いことを確認します。

◆ 弾を発射する

　Playerのプレハブの杖の先端辺りに、弾の発射座標となる"Game Object"を追加します。

特集1　Unity 2020で学ぶ ゲーム開発最前線

> **手順①**　弾の発射座標となるゲームオブジェクトの追加

　Hierarchyウィンドウで"Player"を選択し、右端にある">"をクリックしてプレハブ編集モードに入ります。Player > Fei > bone_1 > bone_2 > bone_10 > bone_11 > bone _12 > staff を右クリックして、"Create Empty"を選択します。"staff"の子として作成されたGameObjectの名前を"FireStartTransform"にします。"FireStartTransform"を杖の先の方へ移動します（図9）。

> **手順②**　弾のプレハブを設定

　"Player"を選択し、Inspectorウィンドウの"Player Controller"コンポーネントの"Fire Start Transform"に作成した"FireStartTransform"をHierarchyウィンドウからドロップします。"Bullet Prefab"には、Projectウィンドウの"Bullet"プレハブをドロップします。"Player Controller"の設定は、図10のようになります。

"Fei"のプレハブをOverridesして変更を反映させておきましょう。Inspectorウィンドウで、"Prefab"の項目の右側にある"Overrides"を押します。

　Hierarchyウィンドウの上部の"<"ボタンを押して、プレハブ編集モードを終了します。実行して確認します。マウスの左ボタンを押すと、杖の向いている方向に弾が発射されるようになりました（図11）。

　最後に、Hierarchyウィンドウの"Bullet"は必要無くなったので削除しておきます。

プレイヤーに追従するカメラ

　プレイヤーを移動させることができたので、その移動に合わせてカメラを追従させる方法を説明します。"Cinemachine"というパッケージを使用して、コードを書くことなくカメラを制御します。

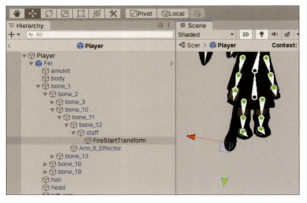

◆図9　"FireStartTransform"の位置

◆図11　弾を発射

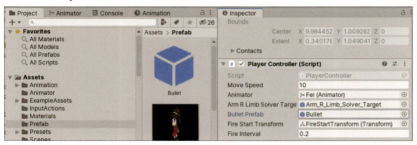

◆図10　"Player Controller"の設定

第3章 新しい入力システム

◆図12 Packaga Manager

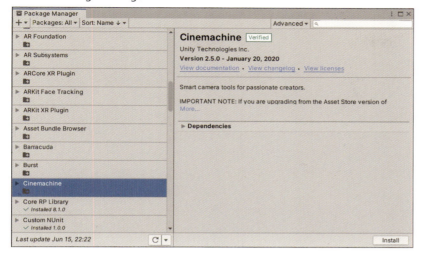

Cinemachine をインストール

プレイヤーにカメラを追従させるのにPackage Managerで"Cinemachine"パッケージをインストールします。"Cinemachine"はカメラの制御に関する色々な機能を持っています。その中の一部の機能を使ってプレイヤーを追いかけ、かつ指定範囲内だけで動くカメラを作成していきます。

手順① パッケージマネージャーの表示

メニューから「Window > Package Manager」を選びます。

手順② Cinemachineの選択

Package Managerから「Cinemachine」を選びます（図12）。

手順③ Cinemachineのインストール

右下の[Install]ボタンを押してインストールします。

Cinemachine の設定

それでは早速Cinemachineのカメラ作成して配置設定していきます。

手順① Cinemachineカメラの作成

Unityエディターの上部のメニューに

「Cinemachine」という項目が追加されています。「Cinemachine > Create 2D Camera」を選びます。

Hierarchyウィンドウに"CM vcam1"というゲームオブジェクトが作成されます。Gameビューを見ると、これまでよりカメラが遠くに離れたり、あるいは近くに寄ったりと、これまでと表示範囲が変わったと思います。

手順② 投影モードの設定

カメラをちょうどよい位置に配置するための設定を行っていきます。まず、"Main Camera"の"Projection"が平行投影モードの"Orthographic"になっているか確認してください。

手順③ レンズの設定

次に、Hierarchyウィンドウで"CM vcam1"を選択し、Inspectorウィンドウの"Cinemachine VirtualCamera"の"Lens"セクションにある"Orthographic Size"の値を8に変更します。"Orthographic Size"は見える範囲を調整します。この値は読者のGameビューでスクロールさせるのにちょうど良い値を見つけてください。

手順④ 追従ターゲットのとなるゲームオブジェクトの作成

PlayerのPrefabにカメラの追従ターゲットとす

61

る空のGameObjectを作成します。Herarchyウィンドウの"Player"の上でマウスの右クリックし、コンテキストメニューから「Create Empty」を選択します。生成された"GameObject"を選択し、名前を"CamaraTarget"に変更しておきます。

手順⑤　追従ポイントの設定

カメラの追従ポイントを少し上にあげて頭の位置にくるように、InspectorウィンドウでTransformのY座標を3にします。

手順⑥　追従ターゲットの指定

Hierarchyウィンドウで"CM vcam1"を選択し、Inspectorウィンドウの"CinemachineVirtual Camera"の"Follow"に、Hierarchyウィンドウから"CamaraTarget"をドロップします（図13）。

実行してみましょう。カメラがFeiの動きに追従するようになっています。

◆ カメラの移動範囲の制限

Feiが画面の端の方に進むと、マップの外側が見えてしまう問題があります。これを解決するためにカメラのスクロール範囲の制限を設定します。

スクロール範囲の指定

スクロール範囲を指定するためのゲームオブジェクトを作成してカメラに設定します。

手順①　CinemachineConfinerの追加

Hierarchyウィンドウで"CM vcam1"を選択し、Inspectorウィンドウの"CinemachineVirtual Camera"の下部にある、"Add Extensions"のドロップダウンから"CinemachineConfiner"を選択して追加します。

手順②　スクロール範囲指定用のゲームオブジェクトの作成

スクロール範囲の指定は、"Composite Collider 2D"か"Polygon Collider 2D"を使います。今回は"Polygon Collider 2D"を使うことにします。シーンに空のGameObjectを追加します。Hierarchyウィンドウの［+］ボタンを押して「Create Empty」を選びます。Hierarchyウィンドウに生成された"GameObject"を選択し、名前を"CameraConfiner"に変更します。

手順③　Polygon Collider 2Dの追加

Inspectorウィンドウで［Add Component］ボタンを押し、"Polygon Collider 2D"を追加します。このColliderは衝突を行うものではないので"Is Trigger"のチェックを入れます。

手順④　不要な頂点の削除

初期状態で頂点が5つあるので、4つになるように不要な一つを消します。Inspectorウィンドウで"Polygon Collider 2D"コンポーネントにある、"Points"を開きます。その中にある"Paths" > "Elements 0"に座標が5つ並んでいるので、下部のマイナスボタンをクリックして頂点を1つ減らし、4つにします。

手順⑤　頂点座標の編集

"Polygon Collider 2D"にある"Edit Collider"の右にあるボタンを押して、Colliderの頂点を編集します。Sceneウィンドウ上で頂点をマウスでドラッグして、スクロール範囲になるように4つの頂点を移動します（図14）。このとき、この4つの頂点で示すスクロール範囲がカメラの表示範囲よりも大きくなるようにします。

▼図13　"CM vcam1"の"Follow"に"CamaraTarget"を設定

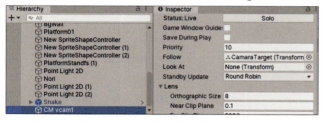

第3章 新しい入力システム

◆図14 スクロール範囲"Polygon Collider 2D"の頂点の編集

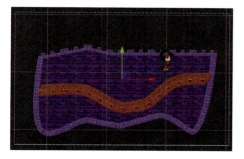

◆図15 X,Y座標を切りの良い数値にする

◆図16 "Bounding Shape 2D"に"Camera Confiner"を設定

◆図17 "Physics 2D"の設定

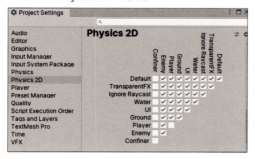

手順⑤ 頂点座標を整える

大体の位置に移動できたら、"Edit Collider"の右にあるボタンを押して編集を終了します。"▼Points"をクリックして、頂点の座標を整えます。各辺が直線になるように値を丸め、X,Y座標それぞれの値を合わせます(図15)。

手順⑥ スクロール範囲指定用ゲームオブジェクトをカメラに設定

Hierarchyウィンドウで"CM vcam1"を選択し、Inspectorウィンドウの"CinemachineConfiner"の"Bounding Shape 2D"へ、"CameraConfiner"をHerarchyウィンドウからドロップします(図16)。

これでスクロール範囲の指定はできました。

不要な衝突判定の排除

"CameraConfiner"はIsTriggerのチェックを入れているため衝突による物理動作は行われませんが、接触の判定は処理されています。この無駄な処理も行わないようにするために、スクロール範囲指定用のゲームオブジェクト用のレイヤーを追加して、衝突や接触の判定を行わないようにします。

手順① レイヤー編集ウィンドウの表示

Hierarchyウィンドウで"CameraConfiner"を選択し、Inspectorウィンドウの右上のLayerのドロップダウンを開きます。"Add Layer..."を選択し、空の"User Layer 11"を選択し、"Confiner"と名前を付けます。

再度、Hierarchyウィンドウで"CameraConfiner"を選択し、Layerを"Confiner"にします。

手順② 衝突判定の設定

Layer間の衝突判定を設定を変更するために、メニューから「Edit > Project Settings」を選択し、表示されたProject Settingsウィンドウで"Physics 2D"を選択します。Confiner Layerの全てのチェックの選択を解除します(図17)。

これで"CameraConfiner"は無駄な接触判定を行わなくなります。

以上で、カメラはプレイヤーを追従するようになりました。また、マップの端にくるとスクロールが停止するようになりました。

まとめ

　新しい入力システムを使って、プレイヤーを移動させることができるようになりました。またマウスポインターの方向へ杖を向けて、光の弾を発射できるようになりました。

　さらにカメラをキャラクターの移動に合わせて追従するようにもできました。

　次章ではボーンアニメーションを作成します。2章で既にボーンの入っているキャラクターにアニメーションをつけましたが、新たに追加された新機能、2Dボーンの作成から行っていきます。

特集1　Unity 2020で学ぶゲーム開発最前線

第4章 2Dボーンアニメーション

2章では、既にボーンの入ったスプライトのアニメーションを作成しました。この章ではそのボーンをスプライトに割り当てていく方法を解説しています。

2Dボーンアニメーションとは

スプライトに仮想的な骨を割り当てて、骨の移動に追従するように周辺の頂点を移動させ、アニメーションを行う手法です。スケルタルアニメーションとも呼ばれています。複数のスプライト画像を切り替えるコマ送りのアニメーションの作成に比べて、画像は1つ用意すればよく、非常に滑らかなアニメーションを作成することができます。

「2Dアニメーション」のインストール

2Dボーンアニメーションを行うのに、パッケージマネージャーから"2D Animation"と"2D IK"、"2D PSD Importer"のインストールが必要です。ここまで順に進めて頂いている場合は既にインストールされています。

まだインストールされていない場合、"2D Animation"と"2D IK"、"2D PSD Importer"は2章でインストールしているので、そちらを参照してください。

スプライト画像のインポート

上記の「2D PSD Importer」で、PhotoshopのPSB（PSDと表記されているがPSDではない）ファイルをレイヤーが分割された状態でUnityにインポートできることができます。

手順① おばけの画像のダウンロード

下記アドレスからおばけ画像をダウンロードします。「リポジトリをダウンロードする」をクリックしてください。

- https://bitbucket.org/gihyobook/obake/downloads/

ダウンロードできたらzipファイルを展開して、中にある"obake.psb"を、Unityの「Assets/Sprites」フォルダにドロップします。

ボーンの作成

ダウンロードしたおばけ画像にボーンを入れていきます。

体にボーンを入れる

まず体にボーンを1つ追加します。

手順① スプライトエディタの起動

インポートした"obake.psb"を選択してインスペクタウィンドウで［スプライトエディタ］ボタンを押します。すると、"スプライトエディタ"ウィンドウが開きます（図1）。

手順② スキニングエディタの起動

左上の［Sprite Editor▼］を押して、メニューから"Skinning Editor"を選びます。

手順③ 親子階層の表示

これからボーンを生成していきます。親子階層

特集1　Unity 2020で学ぶ ゲーム開発最前線

◆図1　「スプライトエディタ」ウィンドウ

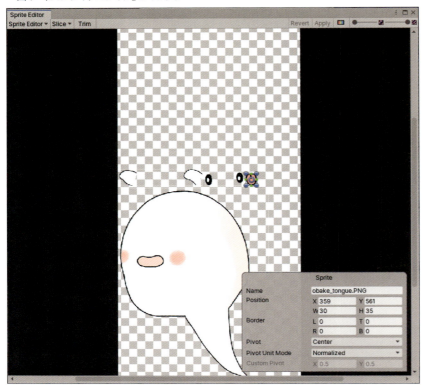

◆図2　尻尾から頭の方へBoneを入れる

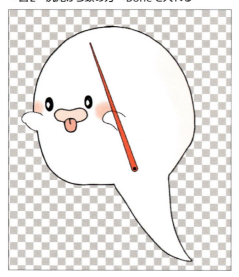

が見えるように、上部のツールバーにある[Visibility]ボタンを押します。[Visibility]ボタンが見当たらない場合は、Sprite Editorウィンドウの横幅を広げます。

手順④　体のボーンを作成

左側のウィンドウの"Bones"メニューから"Create Bone"を選択します。

手順⑤　体にボーンを入れる

尻尾の付け根辺りを左クリックして、ボーンを頭の方へ伸ばし再度左クリックしてボーンを入れます（図2）。

尻尾にボーンを入れる

次に尻尾にボーンを3つ追加します。

手順①　尻尾に最初のボーンを作成する

右クリックしてボーンの連続生成を中断します。赤いボーンを左クリックして、これから生成するボーンが赤いボーンの子になるようにします。赤いボーンの付け根少し下を左クリックして、尻尾

第4章　2Dボーンアニメーション

◆図3　尻尾のボーン3（水色）の追加

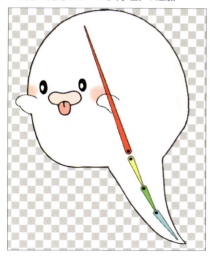

◆図4　ボーンの階層構造

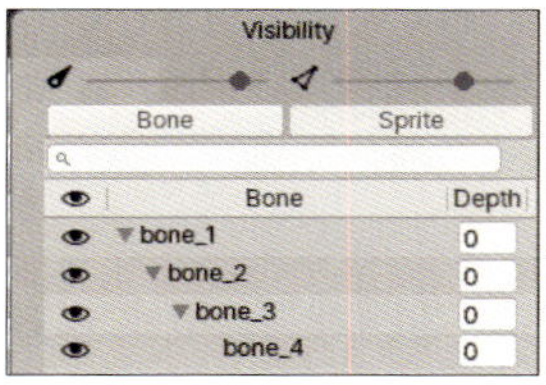

◆図5　右腕、左腕、舌、目にボーンを入れる

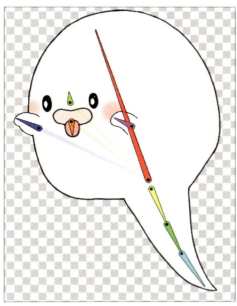

◆図6　完成したボーンの階層構造

手順②　尻尾に2番目のボーンを入れる

そのまま、尻尾の方へさらに1/3進めた位置までボーンを伸ばし、左クリックします。緑色のボーンが追加されます。

手順③　尻尾に3番目のボーンを入れる

最後に尻尾の先端あたりを左クリックして最後のボーンを入れます。水色のボーンが追加されます（図3）。右クリックして連続生成を一度中断します。

階層構造が正しいか確認しておきましょう。現在の階層は「"bone_1"＞"bone_2"＞"bone_3"＞"bone_4"」となっています（図4）。

右腕、左腕、舌、目にボーンを入れる

上記と同様の手順で、右腕、左腕、舌、目にボーンを入れてみてください。

それぞれ"bone_1"の子になるように右腕（bone_5）、左腕（bone_6）、舌（bone_7）、目（bone_8）にボーンを入れます（図5）。左腕が"bone_1"と被ってボーンが置きづらい場合は、マウスホイールを回して、拡大してみてください。

右腕、左腕、舌、目にボーンを入れた階層構造は図6のようになります。

頂点分割とウェイト

ボーンの設定が終わったので、ここではスプライトを頂点分割して、それぞれの頂点がどのボーンの移動に合わせて追従するかを設定していきます。

の1/3の辺りで再度左クリックすると、黄色いボーンが生成されます。

67

◆ 体の頂点分割

まず最初に体の頂点分割を行いましょう。

手順①　頂点分割メニューの表示

まずスプライトの頂点分割を行っていきます。左のウィンドウの「Geometry」メニューから「Auto

◆ 図7　体の頂点分割

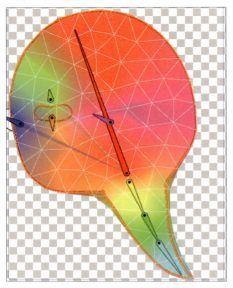

◆ 図8　手の頂点分割

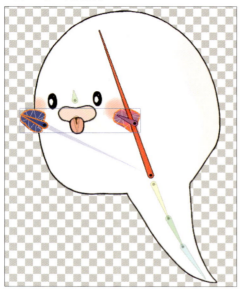

Geometry」を選択します。まず体の部分の頂点を分割します。体の部分をダブルクリックして選択します。

手順②　頂点分割の設定

右下の「Geometry」ウィンドウで、「Outline Detail」= 32、「Alpha Tolerance」= 7、「Subdivide」= 100、「Weights」にチェックを入れます。「Outline Detail」は輪郭の細かさ、"Alpha Tolerance"は透明度をどの程度考慮か、"Subdivide"は分割頂点数です。

元のスプライト画像に合わせて、適切に分割されるように何度か調整する必要があります。「Weight」にチェックを入れると頂点分割しながらボーンに影響する重みも自動的に設定されます。

手順③　体の頂点分割

［Genarate For Selected］ボタンを押します。頂点分割されると共に、ボーンに影響する重みも自動で設定され、各頂点の影響範囲が色で表されています。ボーンと同色が周辺の頂点の影響範囲を表しています。色がブレンドされている箇所は、それぞれの色のボーンに影響を受けることを表しています（**図7**）。

◆ 手の頂点分割

次に手のスプライトの頂点を分割します。

手順①　手の頂点分割

手をダブルクリックして選択します。

「Geometry」ウィンドウの設定は、「Subdivide」= 10にします。手は小さいので分割数を少なくします。押すと分割されて**図8**のようになります。

◆ 舌と目の頂点分割

同様に舌と目も分割してみてください。おばけの体の外側をダブルクリックすると全体の状態を見ることができます（**図9**）。

◆ ボーンの影響範囲の設定

この状態でボーンをドラッグすると影響する頂

第4章　2Dボーンアニメーション

◆ 図9　全体の頂点分割状態

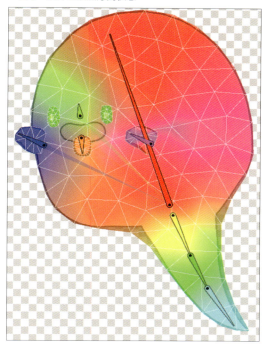

◆ 図12　体が影響を受けたくないボーンが除かれた状態

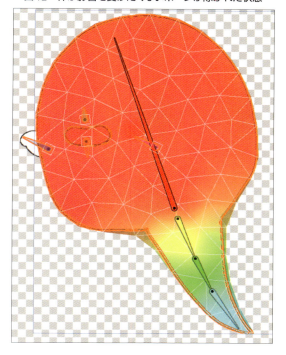

◆ 図10　腕のボーンに体の頂点が影響している

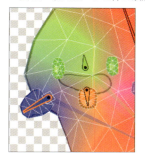

◆ 図11　影響を受けるボーン

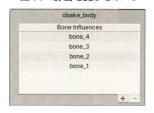

点が引っ張られるようになるのを確認できると思います。右腕を動かすと、引っ張られて欲しくない体の部分も影響をうけてしまっています（図10）。

そこで特定のボーンに影響を受けたくない頂点の修正をしていきます。

手順①　ボーンの状態を元の状態に戻す

まずウィンドウ上部の［Reset Pose］ボタンでボーンの状態を元の状態に戻します。

手順②　ボーンの影響範囲設定

ウィンドウ左側のウィンドウの"Weights"メニューから「Bone Influence」を選択します。おばけの体をダブルクリックして選択します。

手順③　影響を受けたくないボーンの削除

右下に表示された"Bone Influence"ウィンドウのリストから、おばけの体が影響を受けたくないボーンを削除します。ここでは、"Bone_5"、"Bone_6"、"Bone_7"、"Bone_8"の影響を受けたくないので削除します。リストの中のボーンを選択して、右下のマイナスボタンを押して削除します。削除した状態は図11のようになります。

色付きの表示も自動で更新されます。影響を受けたくないボーンの色（青：右腕、紫：左腕、緑：目、オレンジ：舌）が無くなっていることを確認できます（図12）。

69

特集1　Unity 2020で学ぶ ゲーム開発最前線

◆図13　ボーンの影響範囲の完成

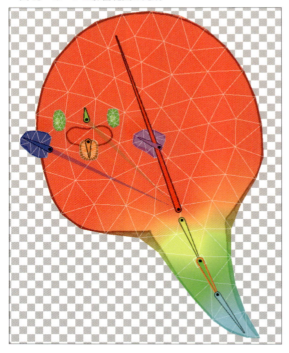

手順④

　同様に他のボーンも動かして確認し、影響を受けたくないボーンを除いてみてください。最終的に図13のようになります。

　設定が完了したらSprite Editorウィンドウの立ち上がりの［Apply］ボタンを押して保存します。

ボーンアニメーションの作成

　ボーンを入れて、頂点の影響範囲も設定できたので、おばけの動きのアニメーションを作っていきます。

◆ アニメーション作成の準備

　おばけのゲームオブジェクトを作成して、アニメーションコントローラーをセットします。

手順①　おばけのゲームオブジェクトを作成

　おばけのスプライトをGameObjectとして編集します。プロジェクトウィンドウの「Assets/Sprites/obake.psb」を階層ウィンドウにドロップします。「obake」という名前のGameObjectが生成されます。

手順②　アニメーションコントローラーの作成

　アニメーションを制御する「アニメーションコントローラー」を作成します。プロジェクトウィンドウで「Assets/Animator」を選択し、右クリックで開くコンテキストメニューから「Create > Animation Controller」を選択します。ファイル名を「Obake」にします。

手順③　Animatorの追加

　階層ウィンドウで「obake」を選択し、Inspectorウィンドウで［Add Component］ボタンを押して、検索ボックスに「Animator」と入力します。検索で絞り込まれて表示される「Animator」を追加します。

手順④　アニメーションコントローラーの設定

　"Animator"の"Controller"に、先程作成した"Obake.controller"をドロップまたは右の◎を押して選択してセットします。

◆ アニメーションの作成

　おばけのアニメーションを作成していきます。

左向きの移動時のアニメーションを作成

　まず左向きに移動するときのアニメーションを作成していきます。

手順①　アニメーションウィンドウの表示

　メニューから「Window > Animation > Animation」でアニメーションウィンドウを表示します。

手順②　アニメーションクリップを作成

　階層ウィンドウで「obake」を選択し、アニメーションウィンドウの中心にある［作成］ボタンを押します。ファイル保存ダイアログが開くので、「Assets/Animation/Obake」のフォルダを作成し

70

第4章　2Dボーンアニメーション

ます、ファイル名を"wander_left@Obake.anim"で作成します。

手順③　記録モードにする

左上の赤丸ボタン（レコードモードボタン）を押して、キーフレームの記録モードにします。

手順④　全てのボーンを選択

最初のキーフレームに全てのボーンの初期回転角を設定しておきます。階層ウィンドウでbone_1からbone_8をすべて選択状態にします。bone_1クリックして選択し、シフトキーを押しながらbone_4をクリックするとすべて選択できます。

手順⑤　最初のキーフレームに全てのボーンを設定

インスペクターのTransformのRotationの辺りを右クリックしてメニューを表示し、「Add Key」を選びます。タイムライン"0:00"にキーが設定されています。

手順⑥　ボーンアニメの作成

タイムライン"1:00"をクリックして、白い縦線を移動します。Sceneビューでボーンを回転させてフワフワ揺れているようなアニメーションを作ってみます。bone_1で頭を、bone_2、bone_3、bone_4で尻尾を、bone_5、bone_6で手を、bone_7で舌を少しずつ回転させます。

アニメーションウィンドウの再生ボタンを押すとアニメを再生して動きを確認することができます。

最初と最後のアニメーションをつなげる

アニメーションの最初と最後をきれいにつなげるようにしましょう。

手順①　"0:00"のキーフレームの値を全て選択

アニメの最初と最後をきれいに

つなげる為に"2:00"に"0:00"のアニメをコピーします。"0:00"のキーフレームの値をマウスでドラッグしてすべて選択します。

手順②　値をコピー

キーボードのCtrl + C（MacはCommand + C）を押してコピーします。

手順③　"2:00"に移動タイムライン

"2:00"をクリックして白い縦線を移動します。

手順④　コピーした値を貼り付け

キーボードのCtrl + V（MacはCommand + V）を押して貼り付けます。

タイムラインは図14のようになります。再生してアニメーションを確認してフワフワ浮いているような感じで動くように調整してみてください。

左向きアニメーションにX軸スケールを追加

次節で作成する右向きアニメーションは、左向きアニメーションのX座標のスケールを-1にすることによって反転させようと思います。そのため左向きアニメーションの再生時に向きを元に戻すためにX座標のスケールを1に設定しておく必要があります。

手順①　"0:00"に移動タイムライン

"0:00"をクリックして白い縦線を移動します。

◆ 図14　おばけの左向きアニメーション

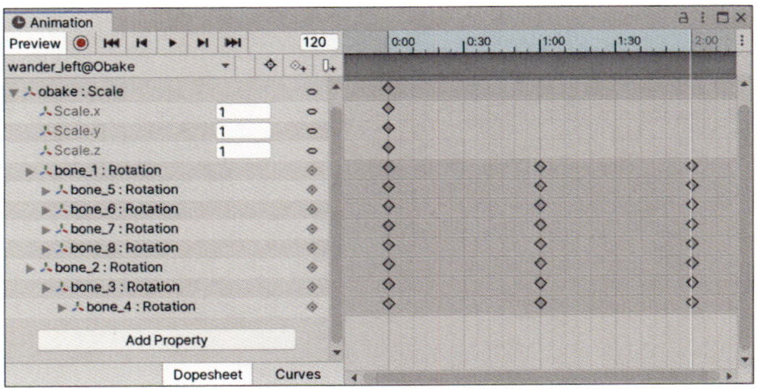

手順②　スケールアニメーションの追加

階層ウィンドウで「obake」を選択します。インスペクターウィンドウの「変換」の「スケール」の辺りを右クリックして、メニューから「キーを追加」を選択します。スケールのキーが追加されています。

保存するために、キーボードのCtrl + S（MacはCommand + S）を押して保存します。

右向きアニメーションの作成

左向きアニメーションをコピーして反転させることで右向きアニメーションを作成します。

手順①　左向きアニメーションの複製

プロジェクトウィンドウで"Assets/Animation/Obake/wander_left@Obake"をCtrlキー（MacはCommandキー）を押しながらマウスの左ボタンでドラッグします。マウスカーソルにプラス[+]マークが表示されるので、マウスボタンを離します。

手順②　ファイル名の変更

"wander_left@Obake 1"というコピーされたファイルができるので、ファイル名を"wander_right@Obake"に変更します。

手順③　アニメーションクリップの追加

階層ウィンドウで"obake"を選択し、プロジェクトウィンドウの"wander_right@Obake"を、インスペクターウィンドウの[コンポーネントを追加]ボタン辺りにドロップします。アニメーションウィンドウで、"wander_left@Obake"の右端にある▼をクリックして、"wander_right@Obake"がドロップダウンしたリストに追加されていることを確認します。

手順④　スケールで向きを反転

タイムライン"0:00"をクリックして白い縦線を"0:00"にします。"obake：Scale"の左側の三角を押して、x、y、zを表示し、Scale.xの値を-1に変更します。

アニメーションウィンドウの再生ボタンを押すと右に向くと思います。

アニメーターの設定

作成したおばけのアニメーションクリップを、Animatorを使って状態の遷移を行います。

右向きのアニメーション遷移の作成

まず最初に右向きのアニメーション遷移を作成します。

手順①　AnimatorWindowを開く

メニューから、「Window > Animation > Animator」を選択して、Animator Windowを開きます。HierarchyWindowで「obake」を選択します。「wander_left@Obake」、「wander_right@Obake」のノードが既にあります（図15）。

◆図15　"obake"のAnimatorの遷移状態

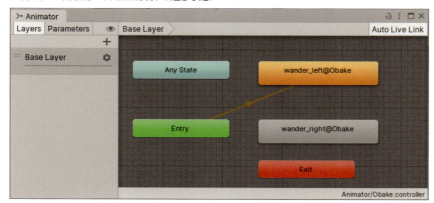

第4章　2Dボーンアニメーション

◆ 図16　条件の「LookX」の条件設定

◆ 図17　"wander_right@Obake"から"wander_left@Obake"へ遷移設定

手順②　向きのパラメーターの追加

向きが右か左かを選択するためのパラメーターを追加します。Animatorウィンドウの左上の[Parameters]ボタンを押します。「名前」と薄い表示されているテキストボックスの横のプラスボタン[+]を押し、floatを選択します。追加されたパラメーターの名前を"LookX"にします。

手順③　遷移の作成

左向きから右向きへの遷移を作っていきます。「wander_left@Obake」ノードを右クリックして、メニューから「Make Transition」を選択します。矢印を「wander_right@Obake」につなげます。

手順④　アニメーション切替時の設定

白い矢印をクリックします。アニメーションの途中でも遷移させるために、インスペクターウィンドウの「Has Exit Time」のチェックを外します。

手順⑤　右向きの遷移条件を設定

条件のプラス[+]ボタンを押します。"LookX"、"Greater"、"0"になるようにします（図16）。

これで「LookX」パラメーターの値が0より大きくなると自動的に「wander_right@Obake」に遷移します。

左向きのアニメーション遷移の作成

次に左向きのアニメーション遷移を作成します。

手順①　左向きの遷移条件を設定

"wander_right@Obake"ノードを右クリックして、メニューから"Make Transition"を選択し、"wander_left@Obake"に矢印をつなげます（図17）。

手順②　アニメーション切替時の設定

作成された矢印をクリックします。アニメーションの途中でも遷移させるために、インスペクターウィンドウの「Has Exit Time」のチェックを外します。

手順③　左向きの遷移条件を設定

条件のプラス[+]ボタンを押します。"LookX"、"Less"、"0"になるようにします。

これで遷移は完成です。実行して確認しましょう。

SceneViewやGameビューでおばけが動いていると思います。Animatorウィンドウで、先程作成したLookXパラメーターに"1"や"-1"を入力すると、おばけが右を向いたり左を向いたりして、アニメーションが遷移することを確認できます。

まとめ

この章ではスプライトにボーンを入れて、頂点分割を行い、ボーンの動きに影響を受ける頂点の重みの設定を行うことで、2Dのボーンアニメーションの作成方法を学びました。ボーンを動かしてアニメーションクリップを作成し、アニメーションの遷移を作成したことで、ゲーム中のキャラクターとして動かすこともできます。

これまで作成してきた2D背景、2Dライト、2Dボーンアニメーションを行うプレイヤー、ボーンを入れたおばけを使って、ゲームを作ってみてください。

特集1　Unity 2020で学ぶ ゲーム開発最前線

ゲーム作成のヒント

　ここまでに作成してきた2D背景、2Dライト、2Dボーンアニメーションを行うプレイヤー、ボーンを入れたおばけを使って、おばけ退治ゲームを作成するためのヒントをまとめます。

背景の作成

　背景は、1章で紹介した"2D Sprite Shape"で自動的に選択されるスプライトを使うことで素早く作成でき、湾曲した地面を使うことで、2D タイルマップを使った場合の直線的な背景とは違った、ユニークな地形を表現できるでしょう。

　また、2Dライティングを使うことで、これまでにない光の表現を試してみてください。

プレイヤーの作成

　2章で、キャラクターのFeiにインバースキネマティクスでアイドルと、歩きのアニメーションを作成しました。3章では、そのキャラクターに新しい入力システムを使用して操作できるようにしました。また、光の弾を発射するところまで作ってあります。ほぼプレイヤーとして動かせるまでできているので、あとはジャンプを入れるとアクションゲームらしくすることができるでしょう。

　プレイヤーの移動に合わせての背景スクロールもCinemachineを使うことで実現しているので、広いマップを作成してプレイヤーが歩き回れるようにしましょう。

　プレイヤーに2Dライティングを使って懐中電灯のようなライトを持たせても良いでしょう。

敵の作成

　4章では、おばけの画像にボーンを入れてアニメーションを作成しました。これにも、アニメーターを作成してあるので、3章を参考に"LookX"パラメータに向きを入れると自動でその方向のアニメーションを再生します。あとはコリジョンを追加することで、プレイヤーとの衝突を検出することができます。

　敵の動きは、例えば一定距離にプレイヤーが近づいたら追いかけるようにしてみるのはどうでしょうか？色々な動きが考えられると思うので、面白い動きになるように考えてみてください。

　プレイヤーの光の弾にもコリジョンを入れて、弾に当たったおばけを消滅できるようにしてみましょう。消滅のアニメーションも作成してみましょう。

ゲームスタートとゲームオーバー

　ゲーム開始時に「ゲームスタート」の画像を表示してみましょう。おばけと衝突したら、「ゲームオーバー」画像を表示してみましょう。

　すべてのおばけを退治したら「ゲームクリア」を表示してみましょう。また、そのときの状況にあったプレイヤーのアニメーションを作成して再生してみると良いと思います。

　1章で紹介したUnityの2D関連の新しい機能を使って是非オリジナルのゲームを作成してみてください。

◆図A　完成したゲーム例

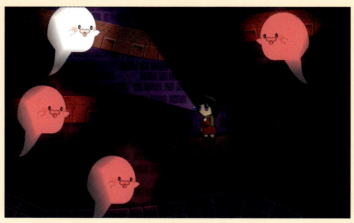

特集2

新時代のUI作成 UI Toolkit

UI ToolkitはUnity2020で採用された新しいUIフレームワークです。パフォーマンスや拡張性を念頭において開発されているため、UI Toolkitを使用することでUnityエディターの拡張を容易にします。このPartではUI Toolkitの利点を中心にUI作成の方法を解説します。

- 第1章　UnityでUIを作成する方法
- 第2章　UI Toolkitのウィンドウ作成
- 第3章　実践：UI Toolkitでエディターウィンドウを作成しよう

特集2　新時代のUI作成 UI Toolkit

第1章

UnityでUIを作成する方法

UnityでUIを作成する方法は、今回新しく追加されたUI Toolkitを含めて3つあります。それぞれどのような構造になっていて、どのような特徴があるのか、サンプルを確認しながら順に見ていきましょう。

IMGUI / uGUI / UI Toolkit

まずは、Unity2020で新しく追加されたUI Toolkitを説明する前に、3つのUIの特徴を見てみましょう。

● IMGUI

Unityのエディタのインスペクターの UI の拡張や、独自のエディタウィンドウを作成することができます。

● uGUI

ゲームやアプリケーション内のユーザーインターフェースを開発するためのUIツールキットです。

● UI Toolkit

今回新しく追加されたUI作成のツールキットです。Web技術の概念をベースにしており、XMLでUIを構築することができ、スタイルシートをサポートしています。現在はUnityのエディタを拡張することが可能です。

IMGUIによるウィンドウ

Unityのエディタのインスペクターの UI の拡張や、独自のエディタウィンドウを作成するには、これまでIMGUIを使う必要がありました。

IMGUIとは、イミディエイトモードGUI（Immediate Mode GUI）の略です。

イミディエイトモードGUIとは、システムがGUIに関する情報を持たないシステムです。描画やユーザーの操作への反応が必要になったときには、その都度特定の関数が呼び出されてユーザーの操作に対する処理や描画が行われます。

IMGUIによる独自のエディターウィンドウのサンプルコードを表示したものが図1です。

図1はボタンを1つ配置しており、ボタンを押すとコンソールにログを表示するだけのシンプルなものです（リスト1）。

リスト1のソースコードを確認してみましょう。

◆図1　IMGUIによるウィンドウ

◆リスト1　IMGUIによるウィンドウのコード

```
using UnityEngine;
using UnityEditor;

public class IMGuiWindow : EditorWindow
{
    [MenuItem("Window/IMGuiWindow")]
    static void ShowWindow()
    {
        IMGuiWindow window = GetWindow<IMGuiWindow>();
    }
    void OnGUI()
    {
        if (GUILayout.Button("Press Me"))
        {
            Debug.Log("Hello!");
        }
    }
}
```

第1章　UnityでUIを作成する方法

ShowWindow()関数内でEditorWindow.GetWindow<>()関数を呼び出すことでウィンドウ生成を行っています。

OnGUI()関数の中にコントロールの配置と振る舞いを記述しています。

このように、IMGUIによるウィンドウは全てC#のコードで書く必要があります。

見た目とロジックを分離することができないので、プログラマーが見た目の調整もC#スクリプトで書く必要がありました。

システムが描画を管理していないため、ウィンドウの更新やユーザーの入力に対する反応が必要になると、その都度表示するものを問い合わせる関数（OnGUI()）が呼び出されることになり、描画を効率的に行うこともできません。

独自に作成したUIのコントロールもC#のコードで作成するため、容易に使い回す方法も考慮されていません。

uGuiによるウィンドウ

uGUIは、ゲーム画面のUIを作成するシステムです。

ラベル、ボタン、テキストフィールド、スライダーなど多くのUIが用意され、2D空間でも、3D空間でも配置することもできます。

ゲーム画面に描画するため、高速に描画するための最適化も行われています。

UIを作成するときは、SceneビューとHierarchyウィンドウを使いレイアウトを行います。Inspectorウィンドウでは、左上や中央などの配置の設定、回転の中心の設定等を行えます（図2）。

◆図3　uGUIによるゲーム画面のウィンドウ

◆リスト2　uGUIによるウィンドウのコード

```
using UnityEngine;
using UnityEngine.UI;

public class PressMeButton : MonoBehaviour
{
    // ❶
    void Awake()
    {
        Button button = GetComponent<Button>();  // ❷
        // ❸
        button.onClick.AddListener(() =>
        {
            Debug.Log("Hello!");
        });
    }
}
```

uGUIによるウィンドウのサンプルコードはリスト2になります。ボタンを1つだけ配置してあります。ボタンを押すとConsoleウィンドウにログを表示します。実行してゲーム画面に表示したものが図3になります。

ユーザー操作に対するロジックはC#で作成するため、見た目の作成と分離されています。

そのため、比較的容易にユーザー作成のコントロールも使い回しもできるようになっています。

リスト2のソースコードを確認してみましょう。

Awake()関数は最初に一度だけ呼び出される関数です。ここでボタンを押したときにログを表示する処理を記述しています（リスト2❶）。

◆図2　uGUIによるウィンドウ作成

特集2　新時代のUI作成 UI Toolkit

　Awake()関数の最初の行では、GetComponent<Button>()によってボタンを検索して、button変数に参照を代入しています（**リスト2❷**）。

　見つけたボタンのクリックイベントonClickに呼び出される関数をAddListener(...)で追加しています（**リスト2❸**）。呼び出された関数ではDebug.Log("Hello!");でログを表示します。

UI Toolkitによるウィンドウ

　IMGUIにおける不便な点を改善するために考え出された新しい方法がUI Toolkitです。

　UI Toolkitはリテインモード（retained mode）GUIと呼ばれています。リテインモードとは、システムがGUIの情報をすべて保持して描画やイベントに反応します。つまりラベル、ボタン、テキストフィールド、テキストエリア等のウィンドウを構成する要素は予め保持しているのです。

　そのため描画要素はシステムが全て管理することになり、描画速度の向上も見込めます。

　ウィンドウの構造を記述する手法は、Web技術の概念をベースにしており、XMLでUIを構築することができ、スタイルシートもサポートしています。

　jQueryのようなメソッドで、XML内のUIコントロールに接続でき、ユーザーの操作への反応はC#で記述します。これにより見た目とロジックを分離することができるようになり、アーティストとプログラマーの作業を分担することも可能になりました。

　独自に作成したUIのコントロールも、テンプレートという機能により容易に使い回す方法も用意されています。

◆ IMGUIからUI Toolkitへ

　先のIMGUIで作成されたウィンドウを、同じような見た目と動作になるようにUI Toolkitに置き換えたものが**リスト3**です。

　表示したものが**図4**です。ボタンが1つ配置されており、ボタンを押すとコンソールにログを表示する動作も同じです。

　ここで一つ注意点があります。UI Toolkitは当初UIElementsと命名されていました。そのため、namespaceはUIElementsのままになっています。それに合わせてコードではUIElementsを使用することとします。

　IMGUIに比べてソースの量が増えていますが、これはC#のロジックのコードと、ウィンドウのレイアウト（UXML）、スタイル（USS）を分離したためです。そのため、ファイルもcs, uxml, ussと3つに分離されました。

　リスト3のC#のコードの処理を確認していきましょう。

　ShowWindow()関数でウィンドウを生成しています（**リスト3❶**）。これはIMGUIの場合と同じように、EditorWindow.GetWindow<>()関数を呼び出すことでウィンドウを生成しています。

　ウィンドウ内のコントロールの生成方法はIMGUIとは異なっています。IMGUIではOnGUI()関数でコントロールを描画していましたが、UI ToolkitではOnEnable()関数内で1度だけ生成を行います。

　"UIElementsWindow.uxml"ファイルを読み込んでウィンドウ内のコントロールのレイアウトを読み込んでインスタンス化しています（**リスト3❷**）。

　"UIElementsWindow.uss"ファイルはスタイルの定義ファイルです。このファイルも読み込んでスタイルをレイアウト内のコントロールに適用しています（**リスト3❸**）。

　レイアウト内から"button1"という名前のボタンを検索してクリックイベントに接続し、ボタンが押されたときにログを表示しています（**リスト3❹**）。

◆ UXML

　ウィンドウのレイアウトは、UXMLというファ

◆ 図4　UI Toolkitによるウィンドウ

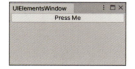

イルにxmlで記述されています（**リスト4**）。

　このUXMLファイルをUIElementsWindowクラスの OnEnable()関数で読み込んでインスタンス化しています（**リスト3❸**）。

　このUXMLファイルには、< engine:Button …>とボタンが1つあるのが分かります。

◆ USS

　スタイルはussというファイルにcssの書式で記述されています（**リスト5**）。

　リスト3❷で読み込まれているファイルです。このスタイルではボタンの文字のサイズを12pxにしています。

◆ リスト3　UI Toolkitによるウィンドウのコード

```csharp
using UnityEditor;
using UnityEngine;
using UnityEngine.UIElements;
using UnityEditor.UIElements;

public class UIElementsWindow : EditorWindow
{
    [MenuItem("Window/UIElements/UIElementsWindow")]
    public static void ShowWindow()
    {
        // ❶
        UIElementsWindow window = GetWindow<UIElementsWindow>();
    }
    public void OnEnable()
    {
        // ❷
        var visualTree = AssetDatabase.LoadAssetAtPath<VisualTreeAsset>("Assets/Editor/ ⤵
UIElementsWindow.uxml");
        VisualElement uielementsWindowUxml = visualTree.Instantiate();

        // ❸
        var styleSheet = AssetDatabase.LoadAssetAtPath<StyleSheet>("Assets/Editor/UIElementsWindow. ⤵
uss");
        uielementsWindowUxml.styleSheets.Add(styleSheet);
        rootVisualElement.Add(uielementsWindowUxml);

        // ❹
        Button button1 = rootVisualElement.Q<Button>("button1");
        button1.clicked += () =>
        {
            Debug.Log("Hello!");
        };
    }
}
```

◆ リスト4　レイアウトを定義したUXMLファイル

```xml
<?xml version="1.0" encoding="utf-8"?>
<engine:UXML
    xmlns:xsi="http://www.w3.org/2001/XMLSchema-instance"
    xmlns:engine="UnityEngine.UIElements"
    xmlns:editor="UnityEditor.UIElements"
    xsi:noNamespaceSchemaLocation="../../UIElementsSchema/UIElements.xsd"
>
    <engine:Button text="Press Me" />
</engine:UXML>
```

◆ リスト5　スタイルを定義したUSSファイル

```css
Button {
    font-size: 12px;
}
```

特集2　新時代のUI作成 UI Toolkit

まとめ

　UnityでUIを作成する3つの方法をみてきました。

　エディター拡張のUIを作成するIMGUI、ゲーム画面のUIを作成するuGUI、今回新しく追加されたUI Toolkitです。

　UI Toolkitでは、ウィンドウのレイアウトをUXMLで、スタイルをUSSで定義することにより、見た目とロジックを分離していることが分かりました。

　UI Toolkitは、現在はエディター拡張でしか使えませんが、将来ゲーム中のUI作成もできるようになるということです。そうなると、エディター拡張もゲーム画面も同じ手法でUIを作成することができるようになるでしょう。

　また、UI ToolkitではUXMLやUSSで見た目の定義を外出しして別のファイルで構築できるようになったことにより、ビジュアルオーサリングツールの開発も進められています。

WEB+DB PRESS plus シリーズ

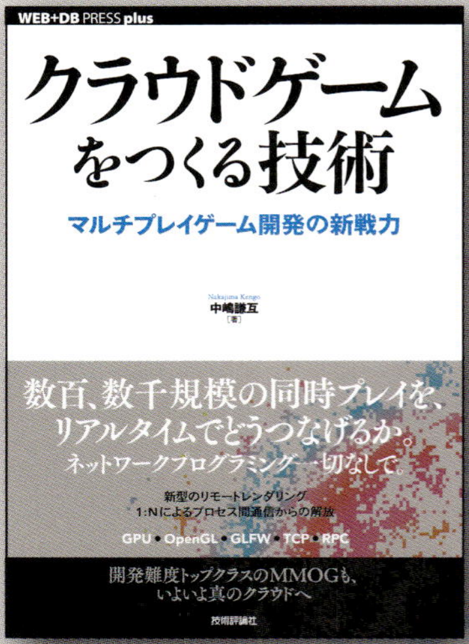

クラウドゲームをつくる技術

小さな帯域、きれいな画質へ。
クラウドゲーム開発が、新しくなる。

クラウドゲームをつくる技術

マルチプレイゲーム開発の新戦力

中嶋 謙互 著
A5判／432ページ
定価（本体2,760円＋税）
ISBN 978-4-7741-9941-2

技術評論社

クラウドで、新しいゲームをつくるための技術解説書。本書では、人気抜群のマルチプレイゲーム開発にスポットを当て、従来からのビデオゲームにおける画面描画のプログラム構造、クラウドにおけるソケット通信という二大基礎知識から丁寧に解説。さらに、クラウドゲームという新たな設計思想で、何が変わるのかがすぐわかる、多彩な軸の7つのサンプルコードに加えて、実運用に求められる検証や性能改善のテクニックも解説します。『オンラインゲームを支える技術』の著者による全面書き下ろし。

特集2　新時代のUI作成 UI Toolkit

第2章

UI Toolkitの
ウィンドウ作成

この章では UI Toolkit でウィンドウを作成していきます。UI Toolkit では、ウィンドウの構造を定義する UXML ファイル、スタイルを定義する USS ファイル、それらを読み込んで実体化する C# ファイルの 3 つのファイルがあります。ウィザードを使って UI Toolkit のウィンドウを作成し、それらのファイルの構造を見ていきましょう。

プロジェクトの作成

それでは早速、UI Toolkit でウィンドウを作成するためのプロジェクトを作成していきましょう。

手順① プロジェクトの新規作成

Unity HUBを起動して、[新規作成] ボタンを押します（図1）。

手順② プロジェクトのパスの指定

プロジェクト名を"UIElementsTest"とし、保存先のパスを設定し、[作成] ボタンを押します（図2）。

しばらくすると新しいシーンが起動します（図3）。

UI Toolkit Editor Windowの作成

ウィザードを使ってUI Toolkitを使ったウィンドウを作成していきます。

手順① 保存作フォルダの作成

Projectウィンドウで"Assets"フォルダを選択し、右クリックしてコンテキストメニューからCreate→Folderを選択します。

手順② "Editor"に名前を変更

手順①で作成されたフォルダの名前を"Editor"にします（Unityでは"Editor"という名前のフォル

◆図1　プロジェクトの新規作成

◆図2　プロジェクトのパスの指定

◆図3　新しいシーンが開く

81

特集2 新時代のUI作成 UI Toolkit

◆図4 "Editor Window" の作成

◆図6 UI Toolkitで作成されたウィンドウ

◆図5 ファイル名の指定

◆図7 UI Toolkitで作成されたファイル

◆リスト1 UIElementsTestWindow.uxml

```
<?xml version="1.0" encoding="utf-8"?>
<engine:UXML
    xmlns:xsi="http://www.w3.org/2001/XMLSchema-instance"
    xmlns:engine="UnityEngine.UIElements"
    xmlns:editor="UnityEditor.UIElements"
    xsi:noNamespaceSchemaLocation="../../UIElementsSchema/UIElements.xsd"
>
    <engine:Label text="Hello World! From UXML" />
</engine:UXML>
```

ダ以下に、エディタ拡張で使うスクリプトを置くという決まりがあります）。

手順③ "Editor Window"の作成

ウィザードを使って"Editor Window"を作成していきます。手順②で作成した"Editor"フォルダを選択し、右クリックしてコンテキストメニューからCreate→UI Toolkit→Editor Windowを選択します（図4）。

手順④ ファイル名の指定

ウィンドウの作成ダイアログが表示されます。図5のように"C#"の右のテキストボックスへ"UIElementsTestWindow"と入力し、"Open files in Editor once created"にチェック入れておくと、Visual Studioが起動して作成されたファイルが開きます。

［Confirm］ボタンをクリックすると、作成されたウィンドウが表示されます（図6）。

UI Toolkit Editor Windowで作成されたファイルの確認

Projectウィンドウを見ると、"Assets/Editor"以下に3つのファイルが作成されています（図7）。

- UIElementsTestWindow.uxml
- UIElementsTestWindow.uss
- UIElementsTestWindow.cs

作成された3つのファイルを詳しく確認してみましょう。

UIElementsTestWindow.uxml

ウィンドウの階層構造を定義するUXMLファイルです。

Projectウィンドウで"UIElementsTestWindow.uxml"ファイルをダブルクリックして、Visual

Studioで開きます（**リスト1**）。

リスト1の中身を順を追って見て行きましょう。

最初の行は、xmlファイルのお決まりの宣言です。文字コードはUTF-8です。

```
<?xml version="1.0" encoding="utf-8"?>
```

次の行は、UI Toolkitで必要な宣言を行っています。

```
<engine:UXML
    xmlns:xsi="http://www.w3.org/2001/ ⏎
XMLSchema-instance"
    xmlns:engine="UnityEngine.UIElements"
    xmlns:editor="UnityEditor.UIElements"
    xsi:noNamespaceSchemaLocation="../../ ⏎
UIElementsSchema/UIElements.xsd"
>
```

xmlnsで、"UnityEngine.UIElements"をengineに、"UnityEditor.UIElements"をeditorという別名に置き換えています。これをネームスペースあるいは名前空間と呼びます。

例えばラベルは、フルパスで書くと<UnityEngine.UIElements:Label>になり長くなりますが、これを<engine:Label>と短く書くことができます。C#におけるusingエイリアスのようなものと考えることができます。なお、engineやeditorのネームスペースの名前は自由に設定可能です。

次の行で、ラベルが1つ定義されています。ラベルに表示する文字列は、"Hello World! From UXML"になっています。

```
<engine:Label text="Hello World! From UXML" />
```

ここまで、UXMLファイルを見てきました。XMLがわかるのであれば特に難しくなかったことでしょう。

UIElementsTestWindow.uss

スタイルを定義するUSSファイルです。ラベルのスタイルが1つだけあります。ラベルの文字のサイズを20pxで太字（bold）にして、色をRGBで指定しています（**リスト2**）。

LabelというC#の型に対してスタイルを定義していますが、他にクラス名や要素名での指定も可能です。

```
/* クラス名で指定 */
.standard-label {
    padding: 6px;
}
/* 要素名をで指定 */
#the-label {
    font-size: 60px;
}
```

Webのcssスタイルシートと同じプロパティもありますが、すべてが使えるわけではありません。またUnity独自のプロパティもあります。

UIElementsTestWindow.cs

上記2ファイルを読み込んで、ウィンドウを構築するC#のスクリプトファイルです（**リスト3**）。

3つのタイプのラベルを作成しています。C#のコードで作成したラベル、UXMLのラベル、C#で作成したラベルにUSSファイルのスタイルをセットしています。

最初の行から内容を確認していきましょう。

❶で使用するネームスペースを宣言しています。UnityEditor、UnityEngine、UnityEngine.UIElements、UnityEditor.UIElementsの4つのネームスペースの使用を宣言しています。

❷でIMGUIのウィンドウと同様に、UI Toolkitを使ったウィンドウもEditorWindowを継承します。

Unityのメニューに「Window→Project→UIElementsTestWindow」の項目を追加します（❸）。"UIElementsTestWindow"を閉じてしまった場合に再度開くには、この項目を選びます（**図8**）。

この項目を選ぶと[MenuItem...]属性の下にあるメソッドShowExample()関数が実行されます。このメソッドでUIElementsTestWindowを生成して

◆**リスト2** UIElementsTestWindow.uss

```
Label {
    font-size: 20px;
    -unity-font-style: bold;
    color: rgb(68, 138, 255);
}
```

特集2　新時代のUI作成 UI Toolkit

◆リスト3　UIElementsTestWindow.cs

```csharp
using UnityEditor;    // ❶
using UnityEngine;
using UnityEngine.UIElements;
using UnityEditor.UIElements;

public class UIElementsTestWindow : EditorWindow     // ❷
{
    [MenuItem("Window/Project/UIElementsTestWindow")]    // ❸
    public static void ShowExample()
    {
        UIElementsTestWindow wnd = GetWindow<UIElementsTestWindow>();    // ❹
        wnd.titleContent = new GUIContent("UIElementsTestWindow");       // ❺
    }

    public void OnEnable()    // ❻
    {
        // Each editor window contains a root VisualElement object
        VisualElement root = rootVisualElement;      // ❼

        // VisualElements objects can contain other VisualElement following a tree hierarchy.
        VisualElement label = new Label("Hello World! From C#");     // ❽
        root.Add(label);    // ❾

        // Import UXML
        var visualTree = AssetDatabase.LoadAssetAtPath<VisualTreeAsset>("Assets/Editor/ ⤵
UIElementsTestWindow.uxml");    // ❿
        VisualElement labelFromUXML = visualTree.Instantiate();     // ⓫
        root.Add(labelFromUXML);    // ⓬

        // A stylesheet can be added to a VisualElement.
        // The style will be applied to the VisualElement and all of its children.
        var styleSheet = AssetDatabase.LoadAssetAtPath<StyleSheet>("Assets/Editor/ ⤵
UIElementsTestWindow.uss");    // ⓭
        VisualElement labelWithStyle = new Label("Hello World! With Style");    // ⓮
        labelWithStyle.styleSheets.Add(styleSheet);    // ⓯
        root.Add(labelWithStyle);    // ⓰
    }
}
```

◆図8　Unityのメニューに追加された項目

表示します。

　UIElementsTestWindowが既に存在する場合はそのウィンドウを、存在しない場合は生成しています（❹）。

　❺でUIElementsTestWindowのタイトルの文字列を"UIElementsTestWindow"にしています。

　ウィンドウが開く前に、OnEnable()メソッドが呼び出されます。ここでは3タイプのラベルの生成を行っています（❻）。

　ローカル変数のrootにEditorWindowのroot

VisualElementを代入しています。rootVisualElementは、このウィンドウのルートの要素になります（❼）。

　❽でC#のコードでラベルを作成しています。ここで作成したラベルをrootに追加することによって表示されるようになります（❾）。

　"UIElementsTestWindow.uxml"をアセットとして読み込み（❿）、読み込んだ"UIElementsTestWindow.uxml"を実体化しています（⓫）。

　実体化したものを、rootに追加して表示されるようにします（⓬）。

　⓭でスタイル定義ファイルの"UIElementsTestWindow.uss"を読み込み、C#のコードでラベルを作成しています（⓮）。

　読み込んだスタイルを作成したラベルにセットし（⓯）、⓰でrootに追加して表示されるようにし

第2章　UI Toolkitのウィンドウ作成

ます。

ここでは、C#のソースコードをみてきました。コードでラベル等のコントロールを作成できることも、UXMLからラベルを生成することもできることがわかったと思います。

生成したコントロールにファイルから読み込んだスタイルを設定する方法も分かりました。

Template（テンプレート）

IMGUIでは、ユーザーが作成したコントロールの使い回しを容易にできる方法は用意されていません。UI Toolkitにはユーザーが作成したコントロールを再利用できるテンプレート（Template）と呼ばれる機能が用意されています。

ウィザードで作成されたUI Toolkitのウィンドウではその機能が使われていないので、UIElementsTestWindowに変更を加えてテンプレートの機能を確認していきましょう。

◆ UXMLによるTemplate

UXMLを使用して再利用可能なtemplateを作成してみます。

手順① Editorフォルダの選択

Projectウィンドウで"Assets/Editor"を選択します。

手順② Template用ファイルの作成

Projectウィンドウ左上のプラス[+]ボタンを押して、「UI Toolkit→UI Document」を選択します（図9）。

手順③ ファイル名の変更

作成されたファイルのファイル名を"Vector3UXMLTemplate"に変更します。

手順④ テンプレートコードの追加

"Vector3UXMLTemplate.umxl"をダブルクリックしてVisual Studioで開き、リスト4のコードに

◆図9　Templateの作成

◆リスト4　Vector3UXMLTemplate.umxl

```
<?xml version="1.0" encoding="utf-8"?>
<engine:UXML
    xmlns:xsi="http://www.w3.org/2001/XMLSchema-instance"
    xmlns:engine="UnityEngine.UIElements"
    xmlns:editor="UnityEditor.UIElements"
    xsi:noNamespaceSchemaLocation="../../UIElementsSchema/UIElements.xsd"
>
    <engine:Box>
        <editor:Vector3Field />
    </engine:Box>
</engine:UXML>
```

◆リスト5　UIElementsTestWindow.uxml

```
<?xml version="1.0" encoding="utf-8"?>
<engine:UXML
    xmlns:xsi="http://www.w3.org/2001/XMLSchema-instance"
    xmlns:engine="UnityEngine.UIElements"
    xmlns:editor="UnityEditor.UIElements"
    xsi:noNamespaceSchemaLocation="../../UIElementsSchema/UIElements.xsd"
>
    <!-- 使用するTemplateのファイルパスを指定して、名前を付ける。 -->
    <Template name="Vector3UxmlTemplate" path="Assets/Editor/Vector3UXMLTemplate.uxml" />
    <engine:Instance template="Vector3UxmlTemplate" />
    <engine:Instance template="Vector3UxmlTemplate" />
    <engine:Instance template="Vector3UxmlTemplate" />
    <engine:Label text="Hello World! From UXML" />
</engine:UXML>
```

85

特集2 新時代のUI作成 UI Toolkit

置き換えます。

<Box>は見た目上の枠で、その中に(x,y,z)を入力できる<Vector3Field>を入れています。

手順⑤ Templateを使用するコードの挿入

"UIElementsTestWindow.uxml"の8行目にTemplateを使用するコードを挿入します(リスト5)。

リスト5の次の箇所でテンプレートの読み込みを行っています。

```
<Template name="Vector3UxmlTemplate"
path="Assets/Editor/Vector3UXMLTemplate.
uxml" />
```

テンプレートファイル"Vector3UXMLTemplate.uxml"を読み込んで、"Vector3UxmlTemplate"という名前を付けています。テンプレートの名前は自由に設定できます。

下記の箇所でテンプレートを3つ挿入しています。

```
    <engine:Instance
template="Vector3UxmlTemplate" />
    <engine:Instance
template="Vector3UxmlTemplate" />
    <engine:Instance
template="Vector3UxmlTemplate" />
```

◆図10 Templateを使ったウィンドウ

◆リスト6 Vector3UXMLTemplate.uxml

```
<?xml version="1.0" encoding="utf-8"?>
<engine:UXML
    xmlns:xsi="http://www.w3.org/2001/XMLSchema-instance"
    xmlns:engine="UnityEngine.UIElements"
    xmlns:editor="UnityEditor.UIElements"
    xsi:noNamespaceSchemaLocation="../../UIelementsSchema/UIelements.xsd"
>
  <engine:Box>
    <editor:Vector3Field />
  </engine:Box>
  <engine:Foldout slot-name="foldoutfield" />
</engine:UXML>
```

Unityに戻り、一度UIElementsTestWindowを閉じて、メニューから「Window→Project→UIElementsTestWindow」を選び、再度表示させると、変更内容の反映されたウィンドウが表示されます。Boxで囲まれた(背景色が若干暗くなっています)Vector3の入力エリアが3つ追加されています(図10)。

このようにテンプレートを使うと、新しく作成したコントロールをUXMLで指定することにより容易に使い回しができることが分かったと思います。

Slot(スロット)

テンプレートを使うとユーザーが作成したコントロールを使い回すことができることがわかりました。

時に、「既にあるテンプレートとほとんど同じ機能だけど一部違うコントロールが必要」または、「後から一部分だけ機能を変更したり拡張したい」と思うことがあります。そういうときにはスロットという機能を使うことができます。

スロットを使うと、テンプレートにUI Toolkitのコントロールを外部から差し込むことができます。

ここでは、このスロットの使い方を解説していきます。

手順① スロットのコードを作成

"Vector3UXMLTemplate.uxml"をリスト6に置き換えます。

変更点は下記の行を追加していることです。

```
<engine:Foldout slot-name="foldoutfield" />
```

第2章　UI Toolkitのウィンドウ作成

◆リスト7　UIElementsTestWindow.uxml

```
<?xml version="1.0" encoding="utf-8"?>
<engine:UXML
    xmlns:xsi="http://www.w3.org/2001/XMLSchema-instance"
    xmlns:engine="UnityEngine.UIElements"
    xmlns:editor="UnityEditor.UIElements"
    xsi:noNamespaceSchemaLocation="../../UIElementsSchema/UIElements.xsd"
>
    <!-- 使用するTemplateのファイルパスを指定して、名前を付ける。-->
    <Template name="Vector3UxmlTemplate" path="Assets/Editor/Vector3UXMLTemplate.uxml" />
    <engine:Instance template="Vector3UxmlTemplate">
      <editor:ColorField slot="foldoutfield"/>
    </engine:Instance>
    <engine:Instance template="Vector3UxmlTemplate">
      <editor:CurveField slot="foldoutfield"/>
    </engine:Instance>
    <engine:Instance template="Vector3UxmlTemplate">
      <editor:GradientField slot="foldoutfield"/>
    </engine:Instance>
    <engine:Label text="Hello World! From UXML" />
</engine:UXML>
```

◆図11　スロットを使用（カラーやカーブは設定しています）

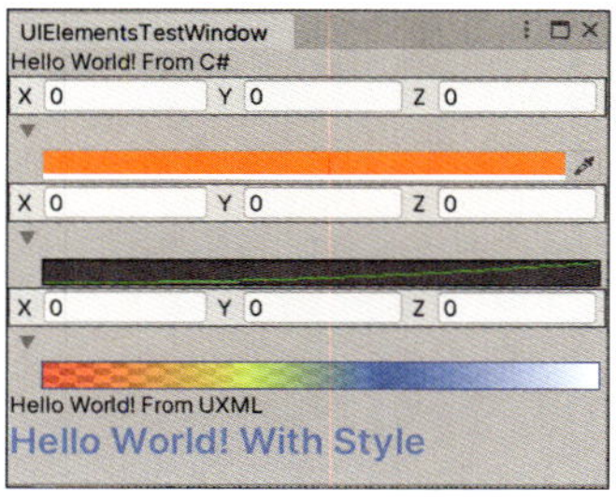

Foldoutは折りたたみを可能にするコントロール
です。slot-name="foldoutfield"と名前をつけたこの
場所に、色々なコントロールを挿入することがで
きます。この名前は自由に設定できます。

手順②　スロットを使用するコードの追加

"UIElementsTestWindow.uxml"のTemplateを
指定している箇所を変更します（リスト7）。

テンプレートの使用箇所3箇所に別々のコント
ロールを差し込んでみました。

色を選択するColorField、カーブを作成する
CurveField、グラデーションカラーを作成する
GradientFieldをそれぞれ差し込んでいます。

ColorFieldを見てみると<editor:ColorField
slot="foldoutfield"/>の箇所で差し込んでいます。
slot="foldoutfield"を指定してテンプレートのslot-
name="foldoutfield"の箇所に差し込みます。

CurveField、GradientFieldも同様の方法で差し
込んでいます。

手順③　スロットの表示を確認

Unityに戻り、一度UIElementsTestWindowを
閉じて、メニューから「Window→UIElements→U
IElementsTestWindow」を選び、再度表示させる
と、変更内容の反映されたウィンドウが表示され
ます（図11）。

各テンプレートに、異なったコントロールが差
し込まれているのが確認できます。

また、Foldout中にコントロールを差し込んでい
るので、左の▼をクリックすると折りたたむこと
もできます。

まとめ

ウィザードで作成したUI Toolkitウィンドウの
3つのファイルの内容を確認してきました。

構造を定義するUXMLファイル、スタイルを定
義するUSSファイル、それらを読み込んでウィン
ドウを生成するC#ファイルです。

またテンプレート機能により、コントロールの
使い回しができ、スロット機能を使うとテンプ
レートの一部をカスタマイズできることも理解で
きたかと思います。

87

特集2　新時代のUI作成 UI Toolkit

第3章

実践：UI Toolkitでエディターウィンドウを作成してみよう

この章では、IMGUIで作成したエディターウィンドウと見た目や機能が同じものを、UI Toolkitを使って作成していきます。ボタンを押したときのイベントに応答する方法も解説します。またそれを、インスペクターウィンドウに表示するための方法も解説していきます。

IMGUIからUI Toolkitへ

UI Toolkitを使ったエディターウィンドウへ変更する元となるIMGUIのサンプルコードです（リスト1）。これを表示したものが図1です。

色々なコントロールを配置しています。ボタンを押すとコンソールウィンドウに"ボタンがクリックされました"と表示も行います。

UI Toolkitウィンドウの作成

それでは、リスト1のIMGUIによるウィンドウをUI Toolkitで作成していきます。

まずは必要なファイルをUI Toolkitのウィザードを使って作成していきます。

手順①　保存先"Editor"フォルダの作成

Projectウィンドウで"Assets"フォルダを選択します。右クリックしてコンテキストメニューから「Create→Folder」を選択します。

作成されたフォルダの名前を"Editor"にします（Unityでは"Editor"という名前のフォルダ以下に、エディタ拡張で使うスクリプトを置くという決まりがあります）。

手順②　"Editor Window"の作成

ウィザードを使ってこれから変更を加える元となる"Editor Window"を作成します。"Editor"フォ

◆図1　IMGUIバージョンのウィンドウ

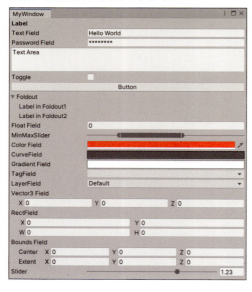

◆図2　"Editor Window"の作成

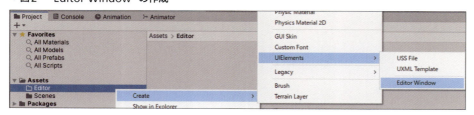

88

第3章 実践：UI Toolkitでエディターウィンドウを作成してみよう

ルダを選択します。右クリックしてコンテキスト
メニューから「Create→UI Toolkit→Editor

Window」を選択します（図2）。

◆ リスト1　IMGUIバージョンのウィンドウのコード

```
using UnityEngine;
using UnityEditor;

public class MyWindow : EditorWindow
{
    private string textFieldString = "Hello World";
    private string passwordString = "Password";
    private string textAreaString = "Text Area";
    private bool toggleValue = false;
    private bool isFoldout = true;
    private float floatFieldValue = 0.0f;
    private float minMaxSliderMinValue = 0.0f;
    private float minMaxSliderMaxValue = 20.0f;
    private Color colorFieldValue = Color.red;
    private AnimationCurve curveFieldValue = new AnimationCurve();
    private Gradient gradientValue = new Gradient();
    private string tagFieldValue = "";
    private int layerFieldValue = 0;
    private Vector3 vector3FieldValue = Vector3.zero;
    private Rect rectFieldValue = Rect.zero;
    private Bounds boundsFieldValue = new Bounds();
    private float sliderValue = 1.23f;

    [MenuItem("Window/My Window")]
    static void Init()
    {
        MyWindow window = GetWindow<MyWindow>();
        window.Show();
    }

    void OnGUI()
    {
        EditorGUILayout.LabelField("Label", EditorStyles.boldLabel);
        textFieldString = EditorGUILayout.TextField("Text Field", textFieldString);
        passwordString = EditorGUILayout.PasswordField("Password Field", passwordString);
        textAreaString = EditorGUILayout.TextArea(textAreaString, GUILayout.Height(50));
        toggleValue = EditorGUILayout.Toggle("Toggle", toggleValue);
        if (GUILayout.Button("Button"))
        {
            Debug.Log("ボタンがクリックされました");
        }
        isFoldout = EditorGUILayout.Foldout(isFoldout, "Foldout");
        if (isFoldout)
        {
            EditorGUI.indentLevel++;
            EditorGUILayout.LabelField("Label in Foldout1");
            EditorGUILayout.LabelField("Label in Foldout2");
            EditorGUI.indentLevel--;
        }
        floatFieldValue = EditorGUILayout.FloatField("Float Field", floatFieldValue);
        EditorGUILayout.MinMaxSlider(new GUIContent("MinMaxSlider"), ref minMaxSliderMinValue, ref ⤸
minMaxSliderMaxValue, -10.0f, 40.0f);
        colorFieldValue = EditorGUILayout.ColorField("Color Field", colorFieldValue);
        curveFieldValue = EditorGUILayout.CurveField("CurveField", curveFieldValue);
        gradientValue = EditorGUILayout.GradientField("Gradient Field", gradientValue);
        tagFieldValue = EditorGUILayout.TagField("TagField", tagFieldValue);
        layerFieldValue = EditorGUILayout.LayerField("LayerField", layerFieldValue);
        vector3FieldValue = EditorGUILayout.Vector3Field("Vector3 Field", vector3FieldValue);
        rectFieldValue = EditorGUILayout.RectField("RectField", rectFieldValue);
        boundsFieldValue = EditorGUILayout.BoundsField("Bounds Field", boundsFieldValue);
        sliderValue = EditorGUILayout.Slider("Slider", sliderValue, -3, 3);
    }
}
```

特集2　新時代のUI作成 UI Toolkit

◆図3　ファイル名の指定

◆図4　UIElementで作成されたウィンドウ

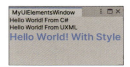

手順③　ファイル名の指定

ウィンドウの作成ダイアログが表示されます。"C#"の右のテキストボックスへ"MyUIElementsWindow"と入力し、"Open files in Editor once created"にチェック入れておくと、Visual Studioが起動して作成されたファイルが開きます。[Confirm]をクリックします（図3）。

UI Toolkitで作成されたウィンドウが表示されました（図4）。

UXMLによるウィンドウの作成

IMGUIで作成したウィンドウと同じになるようにUXMLでコントロールを配置します。

手順①　UXMLファイルの変更

UIの構造となる"MyUIElementsWindow.uxml"の内容をリスト5に置き換えます。

リスト1にあるIMGUIのコントロールを対応するUI Toolkitのコントロールのタグで配置していきます。例えば、ラベルであるIMGUIのEditorGUILayout.LabelField()は、UI Toolkitでは<engine:Label ...>になります。

リスト1で使用しているIMGUIとUI Toolkitのコントロールの対応を表1にまとめます。

手順②　スタイルの設定

ラベルの太字と、テキストエリアの高さと配置の設定をスタイル（USS）で行います。

"MyUIElementsWindow.uss"の内容をリスト6

◆リスト5　UXMLによるウィンドウの階層構造

```xml
<?xml version="1.0" encoding="utf-8"?>
<engine:UXML
    xmlns:xsi="http://www.w3.org/2001/XMLSchema-instance"
    xmlns:engine="UnityEngine.UIElements"
    xmlns:editor="UnityEditor.UIElements"
    xsi:noNamespaceSchemaLocation="../../UIElementsSchema/UIElements.xsd"
>
  <engine:Label text="Label" class="label_bold" name="label1"/>
  <engine:TextField label="Text Field" text="Hello World"/>
  <engine:TextField password="true" label="Password Field" text="Password"/>
  <engine:TextField class="text_area" multiline="true" text="TextArea"/>
  <engine:Toggle label="Toggle"/>
  <engine:Button text="Button" name="button1" />
  <engine:Foldout text="Foldout">
    <engine:Label text="Label in Foldout1"/>
    <engine:Label text="Label in Foldout2"/>
  </engine:Foldout>
  <editor:FloatField label="Float Field"/>
  <engine:MinMaxSlider label="MinMaxSlider" min-value="0" max-value="20" low-limit="-10" high-limit="40"/>
  <editor:ColorField label="Color Field" value="#FF0000"/>
  <editor:CurveField label="Curve Field"/>
  <editor:GradientField label="Gradient Field"/>
  <editor:TagField label="Tag Field"/>
  <editor:LayerField label="Layer Field"/>
  <editor:Vector3Field label="Vector3 Field"/>
  <editor:RectField label="Rect Field"/>
  <editor:BoundsField label="Bounds Field"/>
  <engine:Slider label="Sider" low-value="-3" high-value="3" value="1.23"/>
</engine:UXML>
```

第3章　実践：UI Toolkitでエディターウィンドウを作成してみよう

に置き換えます。

UI Toolkitのラベルの文字を太字にするにはスタイルを使います（リスト6❶）。

◆表1　IMGUIとUI Toolkitのコントロール対応表

コントロール	IMGUI	UI Toolkit
ラベル	LabelField	Label
テキストフィールド	TextField	TextField
パスワードフィールド	PasswordField	TextField
テキストエリア	TextArea	TextField
トグル	Toggle	Toggle
ボタン	Button	Button
折り畳み	Foldout	Foldout
入力フィールド	FloatField	FloatField
最小最大値指定スライダー	MinMaxSlider	MinMaxSlider
色指定	ColorField	ColorField
カーブ指定	CurveField	CurveField
グラデーション指定	GradientField	GradientField
タグの選択	TagField	TagField
レイヤーの選択	LayerField	LayerField
Vector3の値	Vector3Field	Vector3Field
Rectの値	RectField	RectField
Boundsの値	BoundsField	BoundsField
スライダー	Slider	Slider

また、UI Toolkitのテキストエリアとしているengine:TextFieldはデフォルトでは文字列の配置が中央寄せになってしまうので、これを左上寄せになるように、これもスタイルで設定します。また高さも50pxとしています（リスト6❷）。

手順③　エディタウィンドウの更新

"MyUIElementsWindow.cs"の内容をリスト7に置き換えます。

MyUIElementsWindowクラスの内容を確認していきましょう。

Unityのメニューに「Window→UIElements→MyUIElementsWindow」の

◆リスト6　USSによるスタイル設定

```
.label_bold {    /*❶*/
    -unity-font-style: bold;
}
.text_area * {   /*❷*/
    height: 50px;
    -unity-text-align: upper-left;
}
```

◆リスト7　MyUIElementsWindowの生成

```
using UnityEditor;
using UnityEngine;
using UnityEngine.UIElements;
using UnityEditor.UIElements;

public class MyUIElementsWindow : EditorWindow
{
    [MenuItem("Window/Project/MyUIElementsWindow")]    // ❶
    public static void ShowExample()
    {
        MyUIElementsWindow wnd = GetWindow<MyUIElementsWindow>();
        wnd.titleContent = new GUIContent("MyUIElementsWindow");
    }

    public void OnEnable()    // ❷
    {
        VisualElement root = rootVisualElement;

        // ❸
        var visualTree = AssetDatabase.LoadAssetAtPath<VisualTreeAsset>("Assets/Editor/ ↗
MyUIElementsWindow.uxml");
        VisualElement myUielementsWindowUxml = visualTree.Instantiate();

        // ❹
        var styleSheet = AssetDatabase.LoadAssetAtPath <StyleSheet>("Assets/Editor/MyUIElements ↗
Window.uss");
        myUielementsWindowUxml.styleSheets.Add(styleSheet);

        root.Add(myUielementsWindowUxml);
    }
}
```

◆ 図5　UXMLで作成したウィンドウ

項目を追加します。この項目を選ぶと、[Menu Item...]属性の下にあるメソッドShowExample()関数が実行されます。このメソッドでMyUIElementsWindowを生成しています（❶）。

ウィンドウが開く前に、OnEnable()メソッドが呼び出されます（❷）。

❸で"MyUIElementsWindow.uxml"を読み込んでウィンドウ階層構造を生成し、❹で"MyUIElementsWindow.uss"を読み込んで、スタイルをセットしています。

手順④　表示の確認

Unityに戻り、変更を反映させるためにMyUIElementsWindowを一度閉じて、再度メニューから「Window→Project→MyUIElementsWindow」を選び開きます（図5）。なお、表示が更新されない場合、CTRL+R（Macの場合Command+R）でリフレッシュしてみます。

一部見た目が違いますが、機能的には同等のものが作成できました。

UQueryとイベント

ユーザーの操作に反応して処理を行う方法を説明していきます。

◆ リスト8　クエリでボタンを検索してイベントを受信する

```
public void OnEnable()
{
    :
    Button button1 = root.Q<Button>("button1");
    button1.clicked += () =>
    {
        Debug.Log("ボタンがクリックされました");
    };
}
```

ここではボタンが押されたときのイベントを受けて、コンソールログに文字列を表示します。

これにはまずUQueryというUI Toolkitのクエリシステムを使いボタンを検索します。

UQueryでは、UXMLで指定しているname属性、class属性、C#の型を組み合わせて、ウィンドウの階層の中から、特定の要素を検索します。

そして見つかったボタンのクリックイベントに、イベントハンドラーを追加します。

Projectウィンドウで"MyUIElementsWindow.cs"をダブルクリックして、VisualStudioで開き、OnEnable()関数の中の一番下にリスト8のコードを追加します。

コードを確認していきましょう。

まず、rootの階層構造の中からUQueryのQメソッドを使って、クラスが<Button>で、name="button1"のコントロールを検索し、参照をbutton1変数に保持しています。

```
Button button1 = root.Q<Button>("button1");
```

clickedにラムダ関数を追加して、このボタンのクリックイベントを受信しています（リスト10）。

イベントを受信したら、"ボタンがクリックされました"とConsoleにログを表示しています。

```
button1.clicked += () =>
{
    Debug.Log("ボタンがクリックされました");
};
```

それでは実行して確認してみましょう。

Unityに戻りログを確認するためにメニューから「Window→General→Console」を選んで、

第3章　実践：UI Toolkitでエディターウィンドウを作成してみよう

Consoleウィンドウを表示しておきましょう。

MyUIElementsWindowのボタンをクリックしてConsoleウィンドウに"ボタンがクリックされました"と表示されることを確認します（**図6**）。

◆ ラベルの文字を変更する

ボタンのクリックイベントを受信できたので、そのときにラベルの文字列の変更を行ってみましょう。ラベルを検索は、ボタンのときと同じようにUQueryのQメソッドを使います。

リスト8で変更した箇所を**リスト9**で置き換えます。

コードを確認していきましょう。

ボタンの時と同様に、rootの階層構造の中からQメソッドを使って、クラスが<Label>で、name="label1"というラベルを検索し、参照をlabel1変数に保持しています。

```
Label label1 = root.Q<Label>("label1");
```

次にボタンを参照し、クリックイベントを受信したときに、ラベルに"ボタンがクリックされまし

た"という文字列をセットしています。

```
button1.clicked += () =>
{
    :
    label1.text = "ボタンがクリックされました";
};
```

それではUnityに戻り、実行して確認してみましょう。ボタンを押すと、ラベルの文字列が変化しました（**図7**）。

◆ USSでスタイルを変更する

ボタンのクリックイベントに反応する方法は学んだので、ここではボタンのスタイルの変更を行って見た目を変えて見ましょう。

"MyUIElementsWindow.uss"を"VisualStudioで開いて、**リスト10**のコードを最後の行から追加します。

ussの中身を確認していきましょう。

❶で通常状態のボタンのスタイルを指定しています。スタイルの詳細は**表2**を参照してください。

❷でマウスオーバー状態のボタンのスタイルを指定しています。スタイルの詳細は**表3**を参照してください。

❸でクリックしたときのスタイルを指定しています。スタイルの詳細は**表4**を参照してください。

◆ 図6　Consoleウィンドウでログを確認

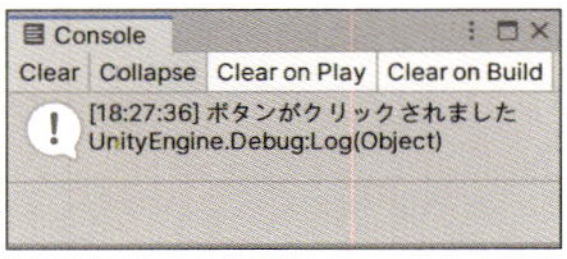

```
Console                           : □ ×
Clear | Collapse | Clear on Play | Clear on Build
  [18:27:36] ボタンがクリックされました
  UnityEngine.Debug:Log(Object)
```

◆ リスト9　ボタンが押されたときにラベルを変更

```
public void OnEnable()
{
    :
    Label label1 = root.Q<Label>("label1");
    Button button1 = root.Q<Button>("button1");
    button1.clicked += () =>
    {
        Debug.Log("ボタンがクリックされました");
        label1.text = "ボタンがクリックされました";
    };
}
```

◆ リスト10　スタイルの追加

```
.green_button {                    // ❶
    background-color: rgb(60,100,60);
    color: rgb(0, 250, 100);
    -unity-text-align:middle-center;
}

.green_button:hover {              // ❷
    background-color: rgb(100,160,100);
    color: rgb(0, 250, 100);
}

.green_button:hover:active {   // ❸
    background-color: rgb(100,160,200);
}
```

◆ 図7　ラベルの文字列が変化

```
MyUIElementsWindow
ボタンがクリックされました
```

◆ 表2　通常のボタンのスタイル指定

スタイル	内容
background-color: rgb(60,100,60);	背景の色を緑色に指定
color: rgb(0, 250, 100);	文字の色を緑色に指定
-unity-text-align:middle-center;	文字の配置を、中央揃えになるように指定

93

特集2　新時代のUI作成 UI Toolkit

◆表3　マウスオーバー状態のスタイル指定

スタイル	内容
background-color: rgb(100,160,100);	背景の色を明るい緑色に指定
color: rgb(0, 250, 100);	文字の色を明るい緑色緑色に指定

◆表4　クリックした状態のスタイル指定

スタイル	内容
background-color: rgb(100,160,200);	背景の色を水色に指定

◆リスト11　ボタンに class="green_button" の追加

```
<engine:Button class="green_button" text="Button" name="button1" />
```

◆図8　緑色になった通常状態のボタン

◆図9　マウスオーバー状態のボタン

◆図10　クリックされた状態のボタン

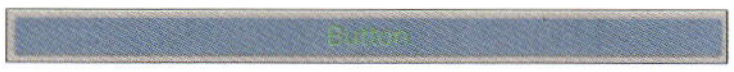

それでは作成したスタイルをボタンに適用するために"MyUIElementsWindow.uxml"をVisual Studioで開いて、Buttonに class="green_button" を追加します（**リスト11**）。

ボタンの色を緑色にしてみました。Unityに戻って確認します（もしMyUIElementsWindowが更新されない場合は一度ウィンドウを閉じて、再度メニューから開きます）。

ボタンの色が緑色になっているのが確認できます（**図8**）。マウスオーバーしたときとクリックしたときの色も変わっているのを確認しましょう（**図9**、**図10**）。

UI Toolkitをインスペクターで表示する

これまでは、ウィンドウでUI Toolkitを使ってきました。エディタ拡張では、インスペクターウィンドウの表示を拡張したい場合もあると思います。ここではUI Toolkitを使用したインスペクターウィンドウでの表示方法を解説していきます。Custom Editor（カスタムエディター）の機能を

◆図11　GameObjectに追加されたMyComponentスクリプト

使ってMyUIElementsWindowをインスペクターに表示してみましょう。

◆ コンポーネントの作成

MyUIElementsWindowをインスペクターに表示するためのテスト用のコンポーネントを作成します。

手順①　スクリプトファイルの作成

Projectウィンドウの"Assets"を選択して、右クリックしコンテキストメニューから「Create→C# Script」を選びます。

手順②　ファイル名の変更

ファイル名を"MyComponent"にします。

手順③　GameObjectの作成

Hierarchyウィンドウのプラスボタン[+]を押して、「CreateEmpty」を選びます。

手順④　コンポーネントの追加

生成された"GameObject"を選択して、Inspectorウィンドウで[Add Component]ボタンを押します。

手順⑤　"MyComponent"スクリプトを追加

検索ボックスに"MyComponent"と入力し選択します。

Inspectorウィンドウに"MyComponent"が追加されました（**図11**）。

94

第3章　実践：UI Toolkitでエディターウィンドウを作成してみよう

MyComponentのInspectorにMyUI ElementsWindow.uxmlを表示する

MyComponentのInspectorにMyUIElements Window.uxmlを表示する手順を解説します。

手順①　スクリプトファイルの作成

Projectウィンドウの"Assets"を選択して、右クリックしコンテキストメニューから「Create→C# Script」を選びます。

手順②　ファイル名の変更

ファイル名を"MyComponentUIElements.cs"にします。

手順③　スクリプトの編集

"MyComponentUIElements.cs"をダブルクリックしてVisual Studioで開き、**リスト12**のコードに置き換えます。

コードを確認してみましょう。

エディターウィンドウの場合のUXMLの構築はOnEnable()関数で行っていました。Inspectorウィンドウの場合はCreateInspectorGUI()関数で行います（❶）。その際、Inspectorウィンドウではroot

となるVisualElementをnewで生成する必要があります（❷）。

MyUIElementsWindow.uxmlを読み込んで階層構造を生成し（❸）、スタイルシートMyUIElements Window.ussを読み込んでいます（❹）。

読み込んだスタイルシートを❸で生成した階層構造に設定しています（❺）。

❷で生成したrootに❸で生成した階層構造を追加し（❻）、rootを返します（❼）。

Unityに戻って、GameObjectを選択してInspectorウィンドウを確認します（**図12**）。MyUI ElementsWindow.uxmlの内容が表示されました。

SerializeFieldとのバインド

MonoBehaviourから派生したクラスのC#コードに、[SerializeField]という属性をつけると、特別何もしなくてもインスペクターウィンドウでその値を編集できました。

しかし、IMGUIやUI ToolkitでInspectorウィンドウの表示を置き換えてしまうと、[SerializeField]属性の変数を追加しても、インスペクターウィンドウに表示されず編集することができません。

IMGUIでこれに対応するにはコードを書いて変

◆ **リスト12　MyComponentUIElements.cs**

```
using UnityEditor;
using UnityEditor.UIElements;
using UnityEngine;
using UnityEngine.UIElements;

[CustomEditor(typeof(MyComponent))]
public class MyComponentUIElements : Editor
{
    public override VisualElement CreateInspectorGUI()  // ❶
    {
        VisualElement root = new VisualElement();  // ❷

        var visualTree = AssetDatabase.LoadAssetAtPath<VisualTreeAsset>("Assets/Editor/ ⤸
MyUIElementsWindow.uxml");  // ❸
        VisualElement uielementsWindowUxml = visualTree.Instantiate();

        var styleSheet = AssetDatabase.LoadAssetAtPath < StyleSheet >("Assets/Editor/ ⤸
MyUIElementsWindow.uss");   // ❹
        uielementsWindowUxml.styleSheets.Add(styleSheet);  // ❺
        root.Add(uielementsWindowUxml);  // ❻

        return root;  // ❼
    }
}
```

95

特集2　新時代のUI作成 UI Toolkit

◆図12　InspectorウィンドウにUI Toolsの表示

数と連携させる必要がありました。

UI Toolkitでは、UXMLに<PropertyField>タグを記述することで、[SerializeField]属性の変数をインスペクターに表示することができます。

この方法を説明します。

手順①　[SerializeField]属性のメンバ変数の追加

"MyComponent.cs"に、[SerializeField]属性を指定したメンバ変数を用意します（リスト13❶）。標準状態のInspectorウィンドウであれば、テキストフィールドが表示されて編集できます。ですがMyComponentの表示はUIElementsで置き換えているため、このままではインスペクターに表示されません。

手順②　PropertyFieldのタグを追加

"MyUIElementsWindow.uxml"の8行目に<editor:PropertyField.../>タグを追加します（リスト14）。この指定により[SerializeField]属性のserializeFieldTextがバインドされ、この場所にstringを編集することができるテキストフィールドが表示されるようになります。

Unityに戻り、GameObjectをInspectorウィンドウで確認すると"Serialize Field Text"とラベルの付いたテキストフィールドが表示されています（図13）。これまでと同様に[SerializeField]として編集することができます。

◆リスト13　[SerializeField]属性のメンバ変数の追加

```
public class MyComponent : MonoBehaviour
{
    [SerializeField]
    private string serializeFieldText; // ❶
    :
}
```

◆図13　[SerializeField]属性のメンバ変数の表示

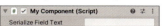

◆リスト14　PropertyFieldのタグを追加

```
<?xml version="1.0" encoding="utf-8"?>
<engine:UXML
    xmlns:xsi="http://www.w3.org/2001/XMLSchema-instance"
    xmlns:engine="UnityEngine.UIElements"
    xmlns:editor="UnityEditor.UIElements"
    xsi:noNamespaceSchemaLocation="../../UIElementsSchema/UIElements.xsd"
>
  <editor:PropertyField binding-path="serializeFieldText" />
  :
```

第3章　実践：UI Toolkitでエディターウィンドウを作成してみよう

まとめ

　従来IMGUIで行っていたエディター拡張を、UI Toolkitで置き換えてみました。UI Toolkitでは、uxmlファイルでウィンドウの構造を、ussファイルでスタイルを定義することにより、見た目とロジックの分離ができることを確認できたと思います。

　注意点としては、IMGUIにはあってUI Toolkitには無いコントロールや、その逆もあります。また見た目もIMGUIと同じではないものもあります。IMGUIから移行する場合はその点に注意が必要です。

　InspectorウィンドウでUI Toolkitを使う方法も学びました。その場合に、[SerializeField]属性のメンバ変数をUXMLの階層構造内にバインドする方法も学びました。

　UI Toolkitは、将来的にはゲーム中のUI構築であるuGUIも置き換えることも考えられています。そうなると、エディタ拡張もゲーム画面も同じUI Toolkitを使用することができ、同じ手法でUI構築ができるようになるでしょう。

Column　UI Toolkitのランタイム対応状況

　UI Toolkitは2020.1のどこかのバージョンでランタイムに対応する予定であるとアナウンスされています。2020年5月の段階ではまだ対応されていません。

　ただ、開発中のUI Toolkitのデザインツールである UI Builderと一緒に、ランタイム部分で動いているデモプロジェクトがGitHubに公開されています。

- https://github.com/Unity-Technologies/UIElementsUniteCPH2019RuntimeDemo

　このデモではUI Builderを使いUXMLとUSSを編集して作成されたウィンドウが、ランタイムで表示されているのを確認することができます（図A、図B）。

　またYouTubeにはこのプロジェクトを解説した動画も用意されています。

- https://youtu.be/t4tfgl1XvGs

◆図A　UI Builderのデモ

◆図B　UI Builderで作成されたUIがランタイムで表示される

BOOKS INFOMATION

現場で役立つ システム設計の原則
変更を楽で安全にする オブジェクト指向の実践技法

|増田亨 著

A5判／320ページ
定価（本体2940円＋税）
ISBN978-4-7741-9087-7

設計次第でソフトウェアの変更作業は楽で安全なものに変わる！
「ソースがごちゃごちゃしていて、どこに何が書いてあるのか理解するまでがたいへん」「1つの修正のために、あっちもこっちも書きなおす必要がある」「ちょっとした変更のはずが、本来はありえない場所にまで影響して、大幅なやり直しになってしまった」といったトラブルが起こるのは、ソフトウェアの設計に問題があるから。日本最大級となる求人情報サイト「イーキャリアJobSearch」の主任設計者であり、システム設計のベテランである著者が、コードの具体例を示しながら、良い設計のやり方と考え方を解説します。

コンテンツ・デザインパターン

|吉澤浩一郎 著

B5変形判／208ページ
定価（本体2020円＋税）

ISBN978-4-7741-9063-1

SEOにはじまり、SNSやコミュニティにおけるコミュニケーションにおいて必須なものとしてコンテンツの価値に注目が集まっています。しかし、「どうすればコンテンツをつくれるのか？」「どのようなコンテンツをつくればいいのか？」とお悩みの方も多いのではないでしょうか。
本書では、自社商品やサービスを売れるようにするために「誰に・何を・どのように」伝えていくべきかという流れとパターンを体系化し、具体的なコンテンツのつくり方をまとめています。国内外の豊富な事例を収録し、わかりやすく解説。Webマーケティング担当者必携の1冊です。

IBM Bluemix クラウド開発入門

B5変形判／288ページ
定価（本体2800円＋税）
ISBN978-4-7741-9084-6

|常田秀明・水津幸太・大島騎頼 著
|Bluemix User Group 監修

IBMのクラウドサービスであるBluemixを基本的な導入方法から実際のアプリケーションを作る方法まで本書では紹介します。Bluemixの特徴は豊富なサービス群です。データを格納するための各種データストアサービス（RDBMS、NoSQL等）があります。さらにアプリケーションを開発するためのDevOpsサービス群、運用監視を行うための監視機能や、最近話題になっている人工知能利用のためのWatsonAPI等が提供されてます。これらをAPI経由で利用することによりシステムをより効率的に開発できます。

技術評論社 当社書籍・雑誌のご購入は全国の書店、またはオンライン書店でお願い致します。
〒162-0846 東京都新宿区市谷左内町21-13 販売促進部 TEL.03-3513-6150 FAX.03-3513-6151

特集 3

極限まで高速化する新システム DOTS 入門

Unity 最新機能、ハイパフォーマンスなマルチスレッド対応のDOTS（Data-Oriented Technology Stack）マルチコアプロセッサを活用することにより、大幅なパフォーマンスの向上や、モバイルゲームではバッテリーの消費を抑えたりする可能性があります。また、データと処理を切り離し、コードをよりシンプルに再利用性をたかめる最適化などもできます。この章では、新機能のDOTSの紹介と、Unity従来のゲームオブジェクトとコンポーネントシステムのオブジェクト指向と、DOTSのデータ指向との違いや概念も交えて説明をしていきます。

- 第1章　新機能DOTSを知ろう
- 第2章　Entity Component System（ECS）とデータ指向
- 第3章　DOTSで実装してみよう

特集3　極限まで高速化する新システム DOTS入門

第1章

新機能DOTSを知ろう

これまでのUnityではゲームオブジェクトとコンポーネント、MonoBehaviourによるオブジェクト指向での開発が主流でした。しかし、DOTSの登場により、将来はオブジェクト指向型からデータ指向が主流になるかもしれません。この章では、Unity最近機能のDOTSの紹介と、DOTSを支える3つの機能について説明していきます。

DOTSを支える3つの機能

DOTSとは（Data-Oriented Technology Stack）の略称です。

近年のCPUはほとんどが複数のコアが搭載されています。しかしまだ、多くのゲームやアプリは1つのコアしか使用していないようになっています。DOTSは利用可能な複数コアを効率よく使用して、パフォーマンスの向上効果、そして「Data-Oriented」とあるように、データ指向型の設計により、メモリ配置を効率化してアクセスを速くします。またコードもデータと処理を切り離し、よりシンプルに、再利用性を高めるなどの効果も考えられます。

DOTSとは、それ自体が機能というわけではなく、いくつかの機能があつまった総称です（表1）。

DOTSはこれまでのオブジェクト指向型から、データ指向型を提唱し、マルチスレッド・メモリ効率をより最適にした一連の機能になります。DOTSはAPIの使い方も大事ですが、概念をしっかり理解することがまずは大切です。ここでは支える3つの機能それぞれの意味と、これまでと何が違うのかをしっかり理解していきましょう。

C# Job Systemで並列処理

JobSystemとは、簡単に言うと並列処理のことです。近年のモバイル端末を始めとした、デバイスのほとんどが複数コアを搭載したCPUを搭載しています。しかし、現状のゲームやアプリでは、まだ1つのコアだけを使っているにすぎません。処理を小さな単位に分解し、使えるコア全てを利用して、分散して処理を実行すれば、同時に並列で処理できます。利用可能なすべてのコアを使用できるようにし、パフォーマンスの向上を実現するのがJobSystemです。

Unityには非同期の処理としてASync,Await,Taskなどの機能がありますが、JobSystemの並列処理とは何が違うのでしょうか。非同期処理と並列処理、まずはこの違いから理解していきましょう。

◆ 非同期処理と並列処理

非同期処理と並列処理、似ているように見えますが、同じではありません。

通常、処理は1つのCPUを使って順番に実行されていきます。これは、複数コアを搭載する端末でも同じであり、並列化するプログラムを書かない限りは、いくつコアを搭載していても1つだけ

◆表1　DOTSを支える3つの機能

名称	説明
C# Job System	複数コアを使用したマルチスレッドによる効率化。デッドロックなど、マルチスレッドプログラミングでの難しい問題なども解決してくれる
Burstコンパイラ	新しいLLVMベースコンパイラ
Entity Component System (ECS)	データ指向設計による、メモリ効率化も考慮した新しいコンポーネントシステム

第 1 章　新機能DOTSを知ろう

◆図1　シングルスレッド

◆図2　同期と非同期

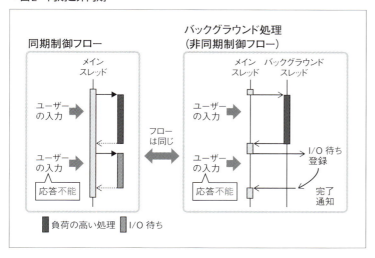

◆図3　並列処理

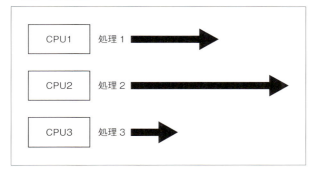

を使います（図1）。

　処理を1つ1つ順番に処理していくため、重い処理、終了まで時間がかかるものがあると、それ以降の処理が進まずに待ち時間が発生してします。これが同期処理です。重い処理としてはファイルIOや、ゲームではアセットロードなどの処理があります。

　一方、非同期処理とは、こういった重い処理の終了を待たずに先に進める処理の仕方です。重い処理の終了はその場で待たず、完了のコールバックなどを登録してバックグラウンドスレッドに回

し、メインスレッドでは処理を進めます（図2）。

　非同期処理のよくある例としては、ゲーム中のローディングなど、時間のかかるファイルIOやアセット読み込みが終わるまで、画面がフリーズしないように、裏でロード処理を行いつつ、画面にはロード中のアニメーションなどを表示したりします。こうすることで、画面は常に動き続けつつも、アセットのロード処理は行われ、完了次第コールバックなどが呼ばれて処理が移っていきます。また、ミリ秒単位で処理を切り替えて、ちょっと進めては処理を空け渡し、数フレームに分けて処理するのも非同期処理の1つです。UnityではAsync,Await,Task、コルーチンなども非同期処理になります。

　次に並列処理は、実際に搭載されている複数のコアに処理を分けて分散処理させるやり方です。このメリットは、複数コアに処理を分けるため、全体の処理時間が短縮されることです（図3）。

　UnityのJobSystemでは、搭載されている全てのコアを使い、並列処理を実現し、全体のパフォーマンス向上を実現します。しかし、並列処理には注意すべき点もあります。

◆ マルチスレッドプログラミングの注意すべきこと

　従来のマルチスレッドプログラミングで注意すべきなのが、データへの同時アクセス（競合状態）

101

◆ 図4　競合状態レースコンディション

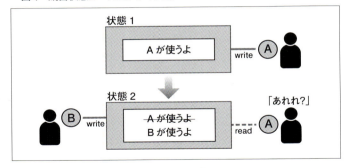

◆ 図5　デッドロック

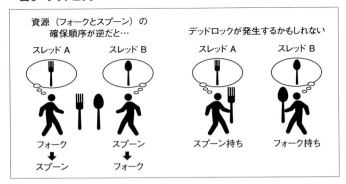

◆ リスト1　スレッドの作成

```
var th = new System.Threading.Thread(Func);
th.Start();
```

と、ほかの処理を待ってしまい止まってしまうデッドロックです。

データへの同時アクセスでの競合状態（レースコンディション）は、並列で動作する処理が、同一のリソースへ同時にアクセスしたとき、予定外の結果が生じてしまう不具合です（図4）。

また、お互いの処理の結果を待ってしまい、そのあいだ処理が止まってしまうデッドロックも注意です（図5）。

これらを防ぐために、従来のマルチスレッドプログラミングでは様々なテクニックを使いコードを書いてきました。しかしそれにより煩雑なコードになり、逆に読みづらくなってしまうこともあります。また、マルチスレッドによる不具合はタイミング依存な面もあり、デバッグのしづらさなどから、不具合に気付きにくくなってしまうこと

もあります。せっかくマルチスレッドで処理していると思いきや、お互いのスレッド終了待ち状態が多発し、結果としてパフォーマンス向上にならないという状態もあります。とにかく、マルチスレッドプログラミングは注意すべき点が多く、複雑なのです。

◆ Job System では安全に保護

これまでのUnityでも独自にスレッドを作成することはできます（リスト1）。

しかし、Job Systemの本質はUnityが使用する内部のネイティブジョブシステムとの統合性です。作成されたC#コードと、ワーカースレッドを共有します。これにより、搭載するコアより多くのスレッドを作成してしまい、リソース競合してしまうなど、マルチスレッドに関する様々な問題から守られ、ユーザーはジョブ化されたコードを安全に書くことができます。

ワーカースレッドはUnityプロファイラ上でも確認することができます（図6）。

◆ JobSystem とジョブ

Job Systemはスレッドに代わる「ジョブ」を作成し、ジョブキューに入れて管理します。Job Systemのワーカースレッドはジョブキューからジョブを取り出して実行していきます。JobSystemは依存関係も管理し、ジョブが適切な順番で実行されるのを保証します。たとえば、JobAとJobBがあり、JobBはJobAが終わるのを待ってから開始するなどもできます。

ジョブとは

1つの作業を実行するユニットです。メソッド呼び出しと同様に、ジョブはパラメータを受け取り、データを処理します。

◆図6　プロファイラワーカースレッド可視化

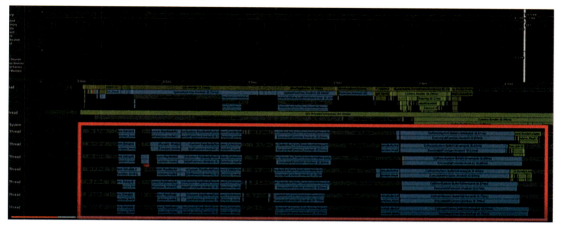

- 例：Positionだけを更新するJobなど

　JobSystemが安全なのは、マルチスレッドプログラミングを行う上で問題となる、データへの同時アクセス（レースコンディション）が発生しないよう、操作する必要のあるデータを「コピー」して使うところです。

　JobSystemはこのコピーして扱うところが特徴で、そのために扱えるデータはBlittableデータ型のみという制約があります。

Blittableデータ型とは

　Blittable型とは「マネージコードとネイティブコードで、渡されたときに変換を必要しない（メモリレイアウトが同じ）」ことを指します。Blittable型には以下のようなものがあります。

- byte
- sbyte
- short
- ushort
- int
- uint
- long
- ulong
- IntPtr
- UIntPtr
- float
- double
- Blittable型の固定長一次元配列
- Blittable型のみを含む構造体
- bool（Unity2019から追加）
- char（Unity2019から追加）

　Blittableではポインタなども扱えますが、boolが使えない点は注意です。その場合はintなどで代用が必要です。Unity2019からboolとcharも特別にBlittableとして使えるようになりました。

　memcpyでblittable型をコピーし、Unityのマネージ部分とネイティブ部分の間でデータを転送することができます。そして、ジョブを実行するときに、マネージ側がそのコピーにアクセスできるようにします。当然ですが、このコピーされた値をワーカースレッド側で変更したとしても、メインスレッド側の値には影響がありません。

　扱えるデータなどに制限がありますが、そのおかげでマルチスレッド特有の問題から保護され、デバッグも容易になっていたりします。複数のCPUコアを効率よく使うことで、処理を高速に完了させパフォーマンス向上につながるなど、得られる恩恵も大きいです。

Jobの作成

　Jobを使う流れは以下のようにシンプルです。

特集3　極限まで高速化する 新システム DOTS入門

ここでは基本的な使い方を説明します。

- IJob インターフェースでジョブを定義する
- メンバー変数は Blittable 型か NativeContainer を使う（使い終わったら自前で解放 Dispose する）
- Execute を定義し、ジョブの中身を書く
- Schedule でジョブを開始（メインスレッドからしか呼べない）
- Complete でジョブ終了確認（メインスレッドからしか呼べない）

◆ 表2　IJob インターフェース

名称	用途
IJob	1つのウォーカースレッドで動作
IJobParallelFor	複数のウォーカースレッドで動作（おそらくメインで使います）
IJobParallelForTransform	主にTransformに対して動作する特別なJob

IJob インターフェース

ジョブの作成と実行

ジョブを作成するにはIJobインターフェースを使用します。IJobを使うと、実行中のジョブと並列で処理する1つのジョブをスケジュールできます。スケジュールすると、ジョブマネージャーがジョブキューにジョブを追加します。

IJobインターフェースは用途によりいくつかの種類があります（**表2**）。

用途によって使うものは異なりますが、複数のスレッドで動かすためには主にIJobParallelForを使って作成することになるでしょう（**リスト2**）。

IJobParallelForTransformはTransform操作のためのJobです。Executeではindexの他に、Transformアクセス用のパラメータも受け取ります。IJob,IJobParallelForとも、Execute時の引数の違いです（**リスト3**）。

作成したジョブを呼ぶには、**リスト4**のように

◆ リスト2　IJobParallelFor

```
// ジョブはstruct、インターフェースとしてIJobを使います
struct MyJob : IJobParallelFor
{
  // 受け渡し用にNativeArrayを定義
  public NativeArray<float3> positions;

  // Jobの中身（今回はサンプルのためZに1を足すだけの操作）
  public void Execute(int i)
  {
    var p = positions[i];
    pos.z += 1f;
    positions[i] = pos;
  }
}
```

◆ リスト3　IJobParallelForTransform

```
// IJob
public void Execute()
{
}

// IJobParallelFor
public void Execute(int index)
{
}

// IJobParallelForTransform（Transformへのアクセスが可能）
public void Execute(int index, TransformAccess transform)
{
    positions[index] = transform.position;
}
```

第1章　新機能DOTSを知ろう

◆ リスト4　ジョブの呼び方

```
class MyBehaviour : MonoBehaviour
{
  private int Count = 100000;

  void Update()
  {
    // ❶ 受け取り用バッファ生成
    var tempPositions = new NativeArray<float3>(Count, Allocator.TempJob);

    // ❷ ジョブを生成、必要情報の初期化
    var myJob = new MyJob()
    {
      positions = tempPositions,
    };

    // ❸ ジョブを実行
    var jobHandle = myJob.Schedule(Count, 0);

    // ジョブ終了待ち
    jobHandle.Complete();

    // ❹ 結果を使い処理する
    for(var i=0; i<Count; i++)
    {
      var pos = tempPositions[i];
    }

    // 最後に解放（自前で解放呼ぶ必要があるので注意）
    tempPositions.Dispose();
  }
}
```

します。

リスト4の内容を解説します。

受け取り用バッファ生成

ジョブ結果を受け取るためのバッファを
NativeContainerを利用し生成します（❶）。

```
var tempPositions = new ⏎
NativeArray<float3>(Count, Allocator.TempJob);
```

ジョブの生成

ジョブはnewを使い生成します。このとき必要
なパラメータをセットします（❷）。

```
var myJob = new MyJob()
{
    positions = tempPositions,
};
```

ジョブの実行と完了待ち

ジョブの実行にはScheduleを使います。スケ

ジュールすると、ジョブマネージャーがジョブを
キューに追加します。完了待ちはCompleteを呼び
ます。このとき、第1引数に発行するジョブの数
を指定します（❸）。

```
// ジョブを実行
// 第1引数 Count:発行するジョブの数
// 第2引数 バッチ数、0だと自動
var jobHandle = myJob.Schedule(Count, 0);

// ジョブ終了待ち
jobHandle.Complete();
```

結果と解放

Completeの後には、受け渡し用のNative
Containerを使い、結果を処理します（❹）。

```
// 結果を使い処理する
for(var i=0; i<Count; i++)
{
    var pos = tempPositions[i];
}
```

そして、NativeContainerはアンマネージドなた

105

め、必ず自分で解放する必要があります。Dispose を呼び忘れるとメモリリークになります。その場合はUnityエディタ上では警告表示が出ますので、開発中は必ず確認しましょう。

```
// 最後に解放（自前で解放呼ぶ必要があるので注意）
tempPositions.Dispose();
```

ジョブと依存関係

ジョブには依存関係を設定することができます。例えば、JobA, JobBがあり、JobBはJobAが終わってから実行したい場合などです。この場合、Scheduleの第3引数に依存するジョブを渡すことで設定できます。

```
var JobA = new JobA();
var JobB = new JobB();

// JobBはJobAが完了したら実行
var jobHandle = JobB.Schedule(Count, 0, JobA);

// ジョブ終了待ち
jobHandle.Complete();
```

メモリについて（マネージヒープとアンマネージヒープ）

DOTSの理解を深めるためには、現在のメモリ・並列処理の問題点を知っておくのも大切です。

Unity（というかC#）では、Mono/IL2CPPのシステムが管理するマネージヒープ領域と、システム管理から外れたアンマネージヒープ領域というのがあります（図7）。

通常、C#コードから使用できるのはシステムが管理するマネージヒープ領域です。「マネージ」という言葉通り、メモリの使い方、配置、使用しなくなった時の後処理などはすべてシステムが管理し、自動で行われています。

マネージヒープの利点は、プログラマ自身がメモリの確保・解放を気にしなくてよく、メモリリークなどが起きにくいことです。不要になったメモリ領域はシステムがGC（ガーベジコレクション）によって、メモリ上を捜査し、空けるようになります（図8、図9）。複雑なメモリ管理をしなくて良いぶん、制御が楽になり、ゲーム側のコードに集中できるなどのメリットはあります。

◆図7　マネージとアンマネージ メモリ

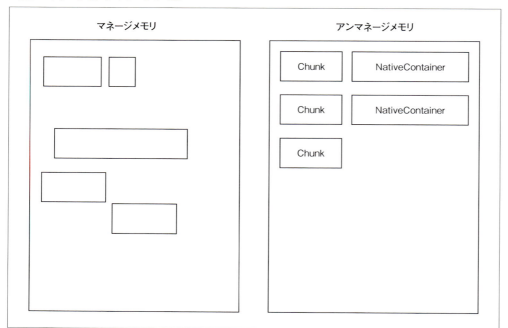

第1章　新機能DOTSを知ろう

◆図8　マネージヒープで不要領域の発生

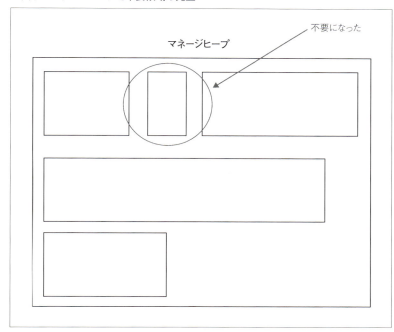

◆図9　マネージヒープで不要領域の開放

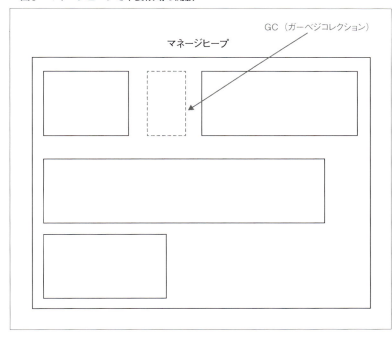

しかしデメリットもあります。GCはメモリ上を捜査し、その処理は重いため、速度低下を招くことがあります。またメモリ配置も連続データに最適化されておらず、常に参照を持ちアクセスします（図10）。

また、マネージヒープで一度確保された領域（サイズ）は、以降もサイズが小さくならないということです。システムは可能な限りサイズを大きくしないようにします（そのためのGC）が、どうしても足りない場合はヒープ領域を広げてしまいます。そのため、巨大な確保を頻繁に行ったりしてしまうと、マネージヒープサイズが広がり、以降ゲーム中で使えるヒープサイズを圧迫してしまう懸念もあります。

一方アンマネージヒープは、システムから管理されないため、自身で確保と解放の処理が必要であり、仮に解放し忘れがあると、メモリリークを発生させてしまいます。しかし、連続データを配置など、メモリ配置の効率化もできるため、パフォーマンスを上げる面ではアンマネージヒープを使用するのは効果的です。

このように、使いづらい面、注意すべき点はあるものの、速度という意味でアンマネージドヒープを効率的に利用していくのは効果的だと考えられます。

107

特集3　極限まで高速化する 新システム DOTS入門

◆図10　メモリ上の参照

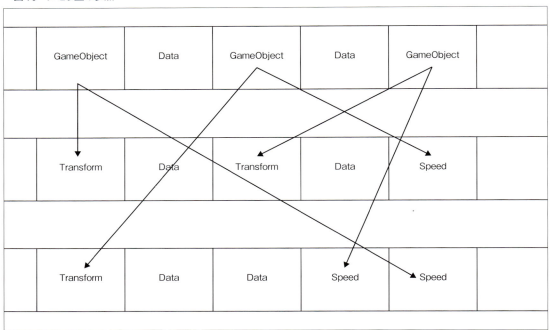

◆図11　キャッシュメモリ メモリ

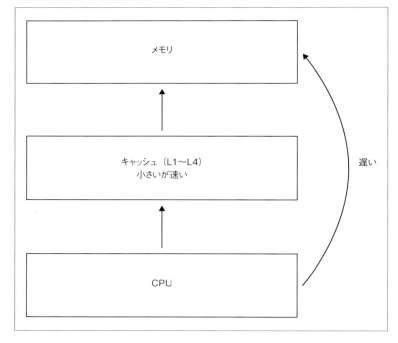

メモリはCPUに比べると性能向上が遅く、その差はどんどん大きくなっていっています。現在パフォーマンス面でボトルネックになっているのがメモリへのアクセス速度です。

　CPUはメモリとの差を補うべく、キャッシュ機構を備えています[注1]。サイズは小さいですが、メモリアクセスに比べると、キャッシュへのアクセスははるかに高速です（図11）。

　CPUは頻繁にメモリへのアクセスを避けるために、このキャッシュ上にデータを配置し、高速に処理しようとします。しかし、キャッシュ上にデータが見つからないと、再びメモリへ

CPUとメモリ

近年CPU性能は何倍にも向上しているのに対し、

注1）キャッシュにはL1～L4と段階がありますが、ここではまとめてキャッシュと扱っています。

アクセスしデータを取ってきてしまいます。キャッシュ上にデータがないと、キャッシュに比べて速度が遅いメモリからデータを取ってくる、ここがパフォーマンス低下に繋がると考えられています。

キャッシュ上にはデータは1つの連続したデータ単位で読み取られます。具体的には64バイトというデータの塊で転送されます。1バイトしか使わないデータでも、64バイトの転送が行われているということです。だからこそ、不要なデータを含んだデータを扱うよりも、関連する必要なデータをまとめた方が、キャッシュ上にデータがあるため、連続した読み取りができ高速に処理できるということです。

キャッシュ効率を高め、連続データ配置によるメモリ最適化と、マルチスレッドプログラミングの注意すべき点を解決しようというのが、DOTSシステムです。

NativeContainer

NativeContainerはマネージヒープですが、アンマネージの割り当てへのポインタを保持します。NativeContainerはDOTSのJobSystem/ECSを支える機能であり、JobSystemはデータをコピーせず、メインスレッドとNativeContainerで共有するデータにアクセスができるようになります。また、アンマネージのためGCが発生しない点もパフォーマンスの面で有利です。

NativeContainerは用途によりいくつか種類があります（表3）。

NativeContainerは連続データ（配列）であるため、メモリ配置も最適化されており高速に読むことができます（図12）。

逆にサイズが決まっているため、扱えるデータとしてはstruct（値型）とBilltable型のみであり、classなどサイズが不定の参照型は扱えません。

NativeContainerを作成するには、必要なメモリ割り当てのタイプを指定する必要があります。割り当てタイプは、ジョブが実行される時間の長さによって異なります（表4）。

NativeContainerには安全システムが備わっており、配列の範囲外チェック、メモリリークなども

◆表3　NativeContainerの主な種類

Native Array	通常配列
Native Slice	NativeArrayの部分切り出し
Native List	サイズ変更可能なArray
Native Queue	キュー。FIFO
Native Hashmap	Key Valueコンテナ。複数の場合はNativeMultiHashMap

◆図12　NativeContainerメモリ

検知してエラーとして示してくれます(注2)。

NativeContainerへのアクセスは読み取り・書き込み両方できますが、明示的に権限を設定することもできます。

- [ReadOnly] 読み取り専用

読み取り専用アクセス権を持つジョブと、NativeContainerへの読み取り専用アクセス権を持つその他のジョブを同時に実行することができます。

- [WriteOnly] 書き込み専用

明示的にアクセス制限をつけることにより、コンパイル時に最適化されて速度向上に繋がります。

Burstコンパイラ

Burstコンパイラとは、高速コード(SIMD化による)もので、主にJobSystem専用のコンパイラです。使い方は、ジョブに対して[BurstCompile]の属性を付けるだけです(リスト5)。

Burstコンパイラはジョブに対して最適化を行い、Executeの中身を最適化します。とりあえず付

注2) リリース版ではチェックシステムは働かないので、あくまでエディタ上でのデバッグ用途です。

◆表4　Allocatorタイプ

種類	説明
Allocator.Persistent	永続
Allocator.TempJob	4フレーム以内
Allocator.Temp	同フレーム間だけ

◆リスト5　[BurstCompile]の属性

```
[BurstCompile]
struct MyJob : IJobParallelFor
{
  public NativeArray<float3> positions;

  // Executeの中が最適化されます
  void Execute(int i)
  {
    var pos = positions[i];
    pos.y += 1f;
    positions[i] = pos;
  }
}
```

けるだけで高速化するならメリットの方が大きいように思えますが、そのためにはいくつかの制限もつきます。

- staticなアクセスができない
- マネージヒープのオブジェクトにはアクセスできない

その分GCが発生しない前提で最適化が行われるのでパフォーマンス向上につながります。

Entity Component System (ECS)とデータ指向設計

Entity Component System (ECS)は、DOTS (Data-Oriented Technology Stack)にもあるように、データ指向設計です。

文字通り「データ」に基づくプログラミングであり、従来のオブジェクト指向型とは考え方も違います。しかし、ECSで扱うデータはシンプルで、メモリ上に連続してデータを並べる形になります(図13)。

そのため高速に処理することができ、データ単位での設計により、コードがシンプル、再利用性も高くなるというメリットがあります。しかし、従来のオブジェクト指向とは考え方から違うため、最初は作りづらさなどを感じてしまう可能性があります。ECSの機能を使う前に、まずはデータ指向という考え方からしっかり理解するのが大切です。

どこで使うべきか

DOTSが登場したからといって、従来のGameObjectで作られたすべてを移行すべきかというと、そうではありません。2020年5月のDOTS機能の段階ではJobSystemによる並列処理、そしてECSによるデータ設計は、現状では同じ計算を連続ですることに最適化されています。そのため、「同じものが大量に存在する」箇所には有効だと言えます。たとえば、

◆図13　ECSで扱うデータ

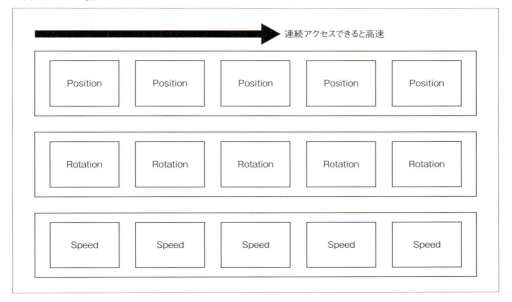

- 大量の弾が飛び交う弾幕シューティング
- 広いフィールド
- オープンワールド内の木や、草など、たくさん配置するもの
- 大量の敵が登場するゲームでの衝突判定
- 大量の敵の思考計算（AI）

などです。

　しかしそれ以外の箇所で使おうとすると、まだまだ機能不足な面もあるため、逆に作りづらくなってしまう可能性もあります。DOTSだけでゲームを作るというよりは、プレイヤーなどは従来のGameObjectシステムで作り、大量に発生するもの、パフォーマンスに懸念がある箇所のみ、DOTSのデータ指向型で設計するのが現状ではもっとも良いアプローチかもしれません。決して、既存のプロジェクトをDOTSに移行すればパフォーマンス改善するということでは、必ずしも無いということだけは知っておきましょう。無理して使うより、作りやすさを重視するのも大切だと思います。

 まとめ

　まだまだ使い方、導入箇所が難しいかもしれませんが、いますぐ無理して作り変えるというよりは、今後Unityでは主流になっていく可能性があり、今まではできなかったこと、大量のオブジェクトを動かしたり、処理したりする際に、パフォーマンス・メモリ効率を最適化する1つの手段としてDOTSがあるということを理解しておくことは大切です。

特集3　極限まで高速化する新システム DOTS入門

第2章 Entity Component System（ECS）とデータ指向

Entity Component System（ECS）は、DOTS（Data-Oriented Technology Stack）にもあるように、データ指向のコンポーネントシステムのことです。文字通り「データ」に基づくプログラミングであり、従来のオブジェクト指向型とは考え方も違います。DOTSの理解を深めるには、ECSとデータ指向設計についてしっかり理解するのが大切です。

■ オブジェクト指向とデータ指向

　従来（現在もですが）のUnityでの設計はGameObjectと、MonoBehaviourなどのコンポーネントによるオブジェクト指向型の設計が主流です（**図1**）。例えば、とんでいく弾オブジェクトは「Transform」「Movement」「Rigidbody」「Collider」など、各機能が集まって弾が飛んでいったり、ぶつかった時の挙動を構成しています。

　Transformは（位置・回転・スケール）、移動する動き・機能は（Movement）といった具合です。オブジェクト指向はオブジェクト単位の機能であり、わかりやすい（イメージしやすい）のが特徴であり、とても直感的であります。

　しかし、人間にとっては直感的で扱いやすくても、コンピュータにとってはそうとは限りません。コンピュータにとって扱いやすいのは、データの並びのレイアウトが塊になっていて、横に連続してアクセス可能かという効率性です。

　前章でも紹介しましたが、オブジェクト指向は扱いやすいですが、マネージヒープ上での「配置」は最適化されていません（**図2**）。

◆図1　オブジェクト指向

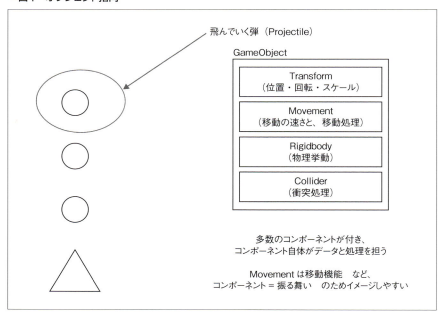

第2章　Entity Component System（ECS）とデータ指向

◆図2　オブジェクト指向のマネージヒープの様子

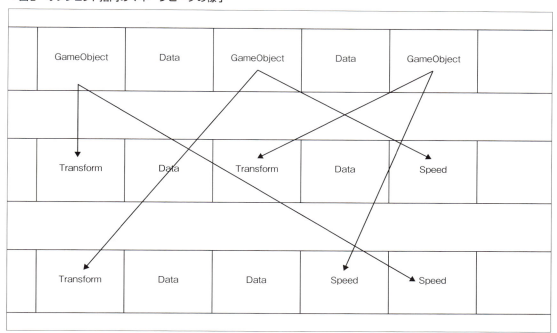

　GameObjectやTransform、移動のためのMovementやクラス内のパラメータなどは、機能単位で配置はされ、参照によって各オブジェクトへアクセスしています。メモリ領域を効率的に使うという点では良いのですが、アクセス速度という点では、決して連続して配置されているわけではないため、頻繁にキャッシュミス（キャッシュ内にデータがなくメモリから取り出してくる）が発生してしまいます。これがパフォーマンス低下の要因と考えられています、

　また、付随するコンポーネントのすべての機能・データを必要としているかというと、そうでもありません。例えばGameObjectに必ず付いている「Transform」ですが、今回必要なのは、Transformの中の位置：Positionと、回転：Rotationだけで、それ以外のデータは不要です。

　今回のように弾の「移動」に関して必要なデータは、

- 位置（Position）
- 回転（Rotation）
- 移動の速さ（Speed）

だけであり、不要データを含むコンポーネントではなく、

- 位置を扱うだけのPositionコンポーネント
- 回転を扱うだけのRotaionコンポーネント
- 移動時の速さを扱うだけのSpeedコンポーネント

があれば良いということです。

　ECSによるデータ指向設計とは、つまりこの必要なデータ単位で処理を考えての設計です。そして、メモリ配置の効率化を考慮し、パフォーマンス向上を図るというものです。CPUとメモリアクセスの効率化は前章でも説明したように、いかにキャッシュ上にデータを残し、連続したデータの塊を扱うか。ということです。転送は64ビットの塊で行われるため、この中に必要なデータを連続で配置すれば、キャッシュ上にデータ存在しアクセス速度も速くなるというのが考えられます（図3）。

　このメモリ効率化のためのシステムがECSです。

113

◆図3 連続でデータを配置

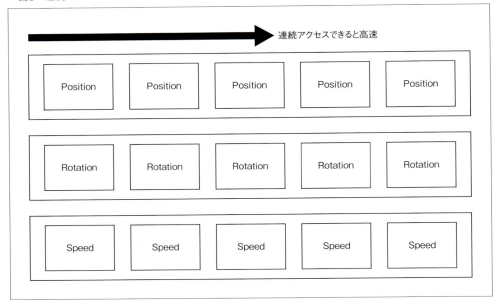

◆図4 Entity

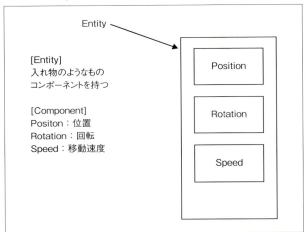

◆表1 Entity Component System

ECS	意味
Entity	入れ物(箱)を示すID
ComponentSystem	機能
ComponentData	データ

- 位置を扱うPositionコンポーネント
- 回転を扱うRotaionコンポーネント
- 移動時の速さを扱うSpeedコンポーネント

のコンポーネント（ComponentData）です。この弾を構成するコンポーネントの入れ物がEntityになります（**図4**）。

そして、それぞれのコンポーネントに対する振る舞いがComponentSystemです（**図5**）。

従来のオブジェクト指向では、コンポーネント自体が振る舞い（処理）を持っていましたが、データ指向では、データと振る舞い（処理）は分かれ、データに対して行う振る舞いが決まります。例えば、Positionに対しては「位置の更新処理」です。

Entityは当然複数存在します。1つの弾に対して1つのEntityです。そしてそれぞれのEntityはEntityManagerというマネージャーにより一元管

EntityとComponentとSystem

Entity Component System（ECS）の名称にもある、Entity・Component・Systemとは何のことなのでしょう。大雑把にいうと以下のような役割を示します（**表1**）。

先ほどの「弾」を構成するコンポーネントを例にすると、移動する弾に必要なのは、

第2章　Entity Component System（ECS）とデータ指向

◆図5　ComponentSystem

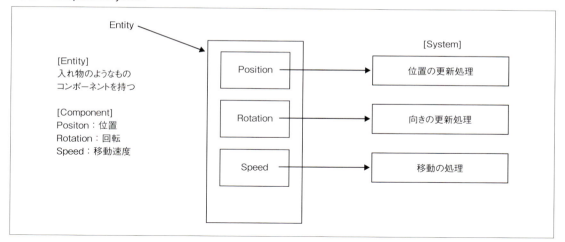

◆図6　EntityManagerで管理されるEntity

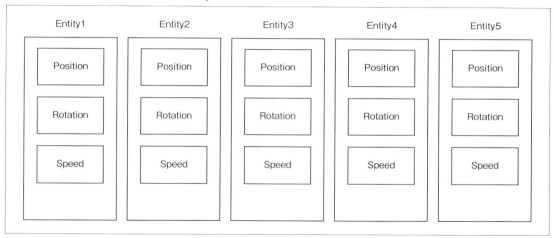

◆図7　コンポーネントのメモリレイアウト

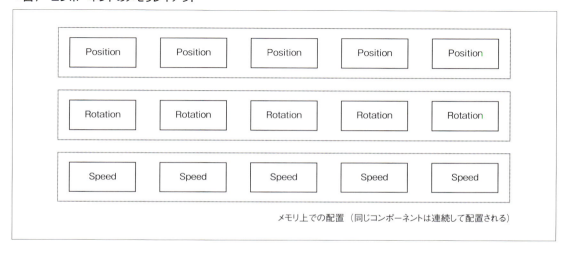

115

◆図8 EntityはID

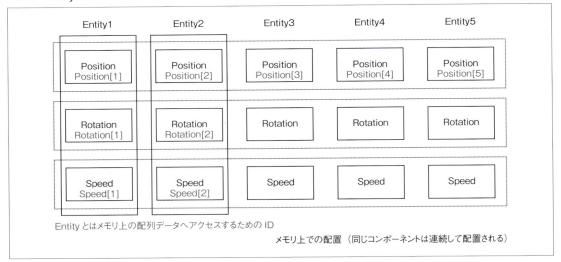

◆図9 アーキタイプ

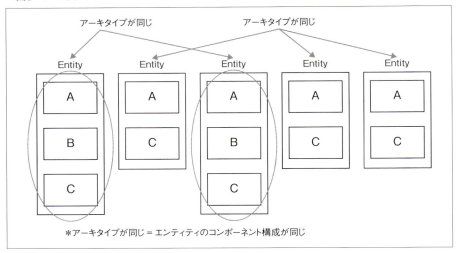

理されています（図6）。

表1で示したように、Entityとは箱ではなく、正確には箱を示すためのIDです。Entityが複数ある場合のメモリレイアウトは図7のようになっています。

メモリ上では実はEntityごとではなく、Entityの中に含まれるコンポーネントの種類ごとの配列データとして配置されています。

そしてEntityとは、この配列データ内にアクセスするためのIDなのです（図8）。Entity2（ID2）がもつPositionのコンポーネントデータへは、Position[2]でアクセスができるということです[注1]。

Entity Component Systemとは、データを種類ごとに配置し、データに対して一律の振る舞い（処理）を実行し、結果を更新していく流れです。

チャンク（Chunk）と アーキタイプ（Archetype）

Entityとは、メモリ上の連続したデータへアクセスするためのIDというのはわかりました。そし

注1） 厳密にはIDはEntityManager側で管理されていますが、ここでは説明のための表現です。

第2章　Entity Component System（ECS）とデータ指向

◆図10　チャンク

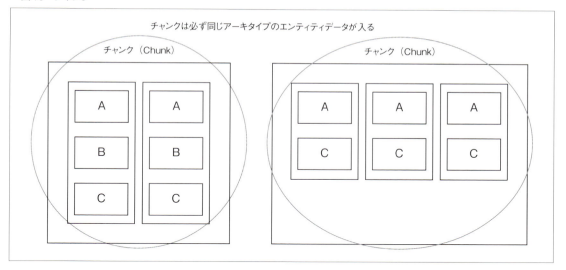

◆図11　連続データの配置

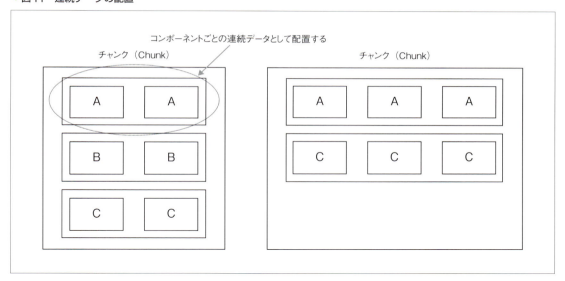

て、このメモリを実際に管理するのがチャンク（Chunk）とアーキタイプ（Archetype）です。

アーキタイプ（Archetype）

アーキタイプとは、エンティティが持つコンポーネント構成を表すものです（図9）。その名の通り「原型」です。アーキタイプが同じエンティティは、全く同じコンポーネント構成になります。

チャンク（Chunk）

チャンクは、実際にコンポーネントのデータをメモリ上に管理するものです（図10）。チャンクは必ず同じアーキタイプをもつエンティティのコンポーネントデータが入ります。

そして、このチャンクがデータを型ごと（種類ごと）に配列に格納し、連続データの配置にします（図11）。

117

◆図12　アーキタイプによる処理すべき対象の判定

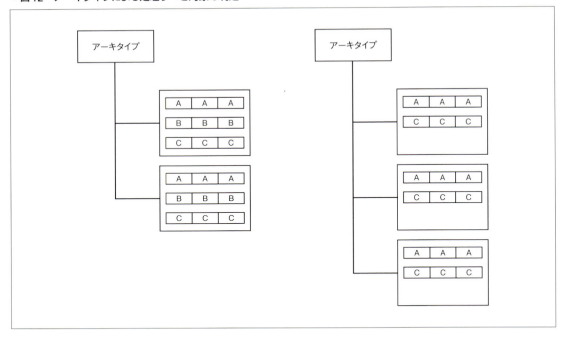

◆図13　WorldとEntityManager

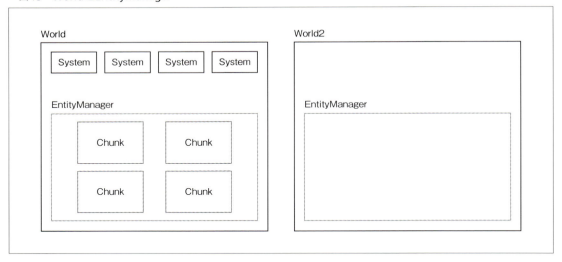

大量のエンティティが存在しても、アーキタイプが処理すべき対象かどうか見るだけで済みます（図12）。

EntityManagerとWorld

EntityManagerとはEntityとアーキタイプを管理します。EntityはEntityManagerから生成されます。そしてWorldはECS世界を表します。1つのワールドの中にEntityManagerがあり、そのマネージャーが管理するEntityやSystemが存在します（図13）。ワールドは基本的には1つですが、自ら別のワールドを作ること可能です。その場合、EntityManagerもワールドごとに作られ、それぞれが独立した管理になります。

特集3　極限まで高速化する新システム DOTS 入門

第3章

DOTSで実装してみよう

ECSの実装アプローチには大きく分けて2つの方法があります。GameObjectやコンポーネントを使わず、純粋にEntityManagerを直接操作してEntity生成するやり方と、従来のGameObjectやPrefabをEntityへ変換して使う、ハイブリッドなやり方です[注1]。ここでは従来の構成と比べながら、JobSystem、BurstコンパイラとハイブリッドでのECSの基本的な使い方を紹介していきます。

パッケージを準備しよう

DOTS機能のJobSystem、Burstコンパイラ、Entity Component Systemを使うには、Unity Package Managerから必要なパッケージをインストールする必要があります。

◆ パッケージマネージャーの表示

Package ManagerはUnityエディタの［Window］＞［Package Manager］から起動します（図1）。歯車アイコンの設定から「Advanced Project Settings」で「Enable Preview Packages」と「Show Dependencies」にチェックを入れておきます。

◆ DOTSに必要なパッケージ

必要な機能のパッケージは表1のようになります。

◆ 通常のパッケージのインストール方法

Job SystemとBurstコンパイラは、パッケージマネージャーのリストから選択してインストールできます。

パッケージを選択後、Installボタンを押すことで、自身のプロジェクトに追加できます（図2）。

◆ パッケージの依存関係

パッケージには、他のパッケージを必要とするものもあります。その場合は、関連するパッケージも一緒にインストールされます（図3）。

◆ パッケージマネージャーに表示されないパッケージのインストール

ECSとMeshRendererは、Unity2020.1で表示されなくなりました。まだ検証段階にないと判断されたパッケージはリストに表示されなくなったようです。表示されなくなったパッケージをインストールするには、パッケージ名を直接入れるとインストールできるようになります。

表示されなくなったパッケージのインストールの手順を説明します。

手順①　パッケージ名入力ウィンドウの表示

パッケージマネージャーの左上のプラスボタンをクリックして表示されたリストから、「Add

注1）ハイブリッドという呼び名が適切かはわかりませんが、Unity社が公開しているECSサンプルプロジェクトでもHybridと名付けているので、ここでもその呼び方をしています。

◆ 図1　Package Manager Package Manager

◆ 表1　DOTSに必要なパッケージ

機能名	パッケージ名
Job System	Jobs
Burstコンパイラ	Burst
ECS	Entities
MeshRenderer	Hybrid Renderer

119

◆図2　インストールするパッケージ

◆図3　Package Managerに表示される依存関係

◆図4　「Add package from git URL...」

◆図5　"com.unity.entities"と入力

◆図6　インストールされたパッケージ

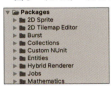

◆図7　今回使用したEntitiesと依存パッケージのバージョン

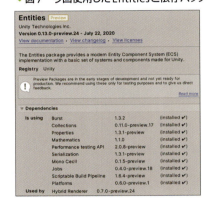

package from git URL...」を選択します（図4）。

手順②　URLの入力

テキスト入力ボックスに、"com.unity.entities"と入力し、［Add］ボタンをクリックします（図5）。

しばらく待つとインポートが始まり、ECSと依存しているパッケージのインストールが始まります。ECSはBurstとJobsに依存しているので、ECSをインストールすると同時にインストールされます。

同様に、"com.unity.rendering.hybrid"パッケージもインストールしておいてください。

インストールされたパッケージ

プロジェクトウィンドウのPackagesディレクトリ以下にインストールされたパッケージが表示されています（図6）。

これでDOTSを使うための準備が整いました。

今回使用したパッケージのバージョン

今回インストールされたパッケージのバージョンは図7の通りです。DOTS関連のパッケージは2020年8月現在多くのプレビューパッケージで構成されているため、今後バージョンが変わるとこの章のプログラムが動かなくなる可能性があります。

従来のGameObjectによる実装

先に、従来のGameObjectを使ったサンプルプログラムを作成します。大量のスプライトを表示して動かすという単純なものにします。

シーンの作成

まずは、シーンの作成を行います。

第3章　DOTSで実装してみよう

◆図8　カメラの設定

手順①　シーンの作成

新しくシーンを作成を作成します。

手順②　カメラの設定

カメラのProjectionは「Orthographic」で、Sizeは"26"にしました(図8)。

◆リスト1　DotsTest.cs

```csharp
using System.Collections.Generic;
using UnityEngine;
using Unity.Jobs;
using Unity.Burst;
using Unity.Mathematics;
using Unity.Collections;

public class DotsTest : MonoBehaviour
{
    [SerializeField, Tooltip("プレハブ")]
    private Transform robotPrefab;

    [SerializeField, Tooltip("生成するプレハブの数")]
    private float numberOfRobots = 1000;

    [SerializeField, Tooltip("横幅の半分")]
    private float halfWidth = 35;

    [SerializeField, Tooltip("縦幅の半分")]
    private float halfHeight = 24;

    [SerializeField, Tooltip("移動速度")]
    private float speed = 1;

    [SerializeField, Tooltip("処理経過時間表示のため")]
    private float elapsedTime;

    [SerializeField, Tooltip("処理負荷ループ数")]
    private int loopCount = 100;

    // 生成したロボットのリスト
    private List<Robot> robotList;

    // 1つのロボット情報
    public class Robot
    {
        public Transform transform;
        public float speedX;
    }

    void Start()
    {
        // ロボットの生成
        robotList = new List<Robot>();
        for (int i = 0; i < numberOfRobots; ++i)
        {
            Transform transform =  Instantiate(robotPrefab, new Vector3(UnityEngine.Random.Range(-halfWidth, halfWidth), UnityEngine.Random.Range(-halfHeight, halfHeight)), Quaternion.identity);
            robotList.Add(new Robot { transform = transform, speedX = UnityEngine.Random.Range(speed, -speed) });
        }
    }

    // Update is called once per frame
    void Update()
    {
```

121

```
        float startTime = Time.realtimeSinceStartup;
        // ロボットの座標の更新
        UpdateByGameObject();
        // 経過時間の表示
        elapsedTime = Time.realtimeSinceStartup - startTime;
    }
    void UpdateByGameObject()
    {
        foreach (Robot robot in robotList)
        {
            float deltaTime = Time.deltaTime;
            // 処理負荷をかけるためにloopCount回回す
            for (int i = 0; i < loopCount; ++i)
            {
                robot.transform.position += new Vector3(robot.speedX * deltaTime, 0f);
            }
            // ロボットが画面の端に到達したら反対側に移動する
            if (robot.speedX > 0 && robot.transform.position.x > halfWidth ||
                robot.speedX < 0 && robot.transform.position.x < -halfWidth)
            {
                robot.speedX = -robot.speedX;
            }
        }
    }
}
```

手順③ Gameビューの設定

Gameビューのスクリーンサイズは、「1900x1200」にしました。

◆ 表示するプレハブの用意

スプライトを表示するためのプレハブを作成します。

まず、画像を用意してください。筆者はUnityの公式サンプルの「Unity Playground」にある"Robot.png"という画像を使うことにしました。

"Robot.png"をSceneビューにドロップして作成されたゲームオブジェクトをProjectウィンドウにドロップしてプレハブ化しておいてください。

◆ GameObjectでロボットを動かす

Robotのプレハブをランダムな位置に生成して、ランダムな速度で横方向に移動して、画面の端に到達すると移動する方向を反対の方向に変えるというだけのものです。

手順① スクリプトファイルの作成

DotsTest.csスクリプトファイルを作成して、リスト1のコードを入力します。

手順② スクリプトの追加

SceneビューでGameObjectを生成して名前を"DotsTest"に変更し、DotsTest.csを追加してください。

手順③ プレハブ設定

Inspectorウィンドウで、「Robot Prefab」に"Robot.prefab"をセットします。

◆ 実行結果

実行すると、1000体のロボットが動いています。Gameビューの[Stats]ボタンをクリックして統計ウィンドウを表示します。

筆者の環境では、50fps前後でした（図9）。

◆ 図9 従来のGameObjectのTransformの更新による実行

第3章　DOTSで実装してみよう

Inspectorウィンドウで「Number of Robots」や「Loop Count」の数値を変えて後の高速化を確認しやすいようにPCの負荷を調整してください（数値の変更は停止した状態で行ってください）。

JobSystem

JobSystemを使うとどれぐらい早くなるのか見ていきましょう。JobSystemとNativeArrayを使用して、高速化してみます。

JobSystemを使うようにコードの追加

JobSystemを使うためのコードを先ほど作成したDotsTest.cs（リスト1）に追加していきます。

手順①　座標更新方法の切り替えフラグ

従来のTransformによる座標の更新とJobSystem&NativeArrayによる更新を実行中に切り替えて速度を比較できるようにするためのフラグをDotsTest.csに追加します（リスト2）。

手順②　座標更新方法の切り替え

Update()関数でuseJobSystemフラグによって呼び出す関数を変更するようにコードを変更します（リスト3）。

手順③　JobSystemの起動

座標更新を処理するためのJobSystemを実行する関数を追加します（リスト4）。

手順③　座標の更新をするJobSystem

実際に座標の更新を計算する処理を行うJobSystemのstructを追加します（リスト5）。

実行結果

実行します。「Use Job Syste」のチェックを入れるとJobSystemで実行されます。FPSに違いが現れると思います。私の環境では100FPS前後になりま

◆ リスト2　DotsTest.csに追加

```
public class DotsTest : MonoBehaviour
{
    // ここから追加
    [SerializeField, Tooltip("JobSystemを使うかどうか")]
    private bool useJobSystem;
```

◆ リスト3　DotsTest.csの変更

```
void Update()
{
    float startTime = Time.realtimeSinceStartup;
    // ロボットの座標の更新
    if (useJobSystem)
    {
        // IJobParallelForによるJobの実行
        UpdateByJobSystem();
    }
    else
    {
        // GameObjectのTransformの変更による座標更新
        UpdateByGameObject();
    }
    // 経過時間の表示
    elapsedTime = Time.realtimeSinceStartup - startTime;
}
```

◆ リスト4　DotsTest.csに追加

```
void Update()
{
    :
}
// ここから追加
void UpdateByJobSystem()
{
    int robotCount = robotList.Count;
    // 座標を格納するためのNativeArrayを用意
    NativeArray<float3> positionArray = new NativeArray<float3>(robotCount, Allocator.TempJob);
    // 移動速度を格納するためのNativeArrayを用意
```

123

特集3　極限まで高速化する 新システム DOTS入門

```csharp
        NativeArray<float> speedXArray = new NativeArray<float>(robotCount, Allocator.TempJob);

        // NativeArrayに座標と移動速度をコピー
        for (int i = 0; i < robotCount; ++i)
        {
            positionArray[i] = robotList[i].transform.position;
            speedXArray[i] = robotList[i].speedX;
        }

        // Jobの作成
        UpdateTransformParallelJob updateTransformParallelJob = new UpdateTransformParallelJob
        {
            positionArray = positionArray,
            speedXArray = speedXArray,
            deltaTime = Time.deltaTime,
            halfWidth = halfWidth,
            loopCount = loopCount
        };

        // Jobのスケジュール
        JobHandle jobHandle = updateTransformParallelJob.Schedule(robotCount, 100);
        // Jobの実行
        jobHandle.Complete();

        // 更新されたNativeArrayの値を戻す
        for (int i = 0; i < robotCount; ++i)
        {
            robotList[i].transform.position = positionArray[i];
            robotList[i].speedX = speedXArray[i];
        }

        // NativeArrayの破棄
        positionArray.Dispose();
        speedXArray.Dispose();
}
```

◆リスト5　DotsTest.csに追加

```csharp
public class DotsTest : MonoBehaviour
{
    :
}
// ここから追加
// 並列処理でロボットの座標を更新
public struct UpdateTransformParallelJob : IJobParallelFor
{
    public NativeArray<float3> positionArray;
    public NativeArray<float> speedXArray;
    [ReadOnly] public float deltaTime;
    [ReadOnly] public float halfWidth;
    [ReadOnly] public float loopCount;

    public void Execute(int index)
    {
        // ロボットの座標の更新
        // 処理負荷をかけるためにloopCount回回す
        for (int i = 0; i < loopCount; ++i)
        {
            positionArray[index] += new float3(speedXArray[index] * deltaTime, 0f, 0f);
        }
        // ロボットが画面の端に到達したら反対側に移動する
        if (speedXArray[index] > 0 && positionArray[index].x > halfWidth ||
            speedXArray[index] < 0 && positionArray[index].x < -halfWidth)
        {
            speedXArray[index] = -speedXArray[index];
        }
    }
}
```

◆図10 JobSystemを使用した実行

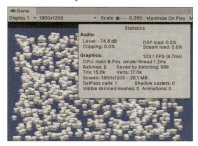

◆図11 Transformを更新する場合のプロファイラ表示

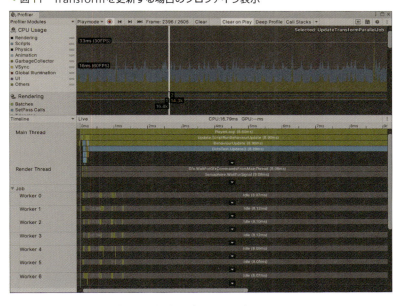

◆図12 JobSystemを使用した場合のプロファイラ表示

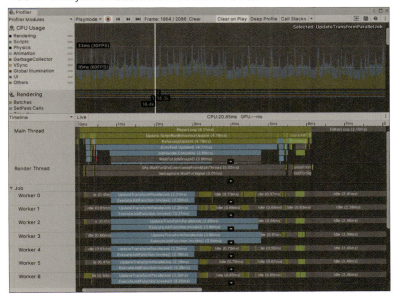

した。およそ2倍の速さです（図10）。

◆ プロファイラで確認

従来のTransformを更新する方法と、JobSystemでは何が違っているのかプロファイラを起動して確認してみましょう。

プロファイラは、メニューから「Window > Analysis > Profiler」で表示します。図11は、Transformを更新する場合、図12は、JobSystemを使った場合のプロファイラ表示です。

DotsTest.Update()の処理時間を比較すると、8.89msと4.77msとなっていておよそ倍の差があります。これは、Job Workerに処理が分散されたためです。JobSystemの場合は、「Job > Worker」でUpdateTransformParallelJobの処理が行われているのが分かります。

特集3　極限まで高速化する 新システム DOTS入門

Burstコンパイラで更に加速

さらにここでBurstコンパイラを使用してみましょう。

Burstコンパイラを有効にする

Burstコンパイラを使用するには、[BurstCompile]属性を付けるだけです（リスト6）。

なお、BurstコンパイラのON/OFFの切り替えは、メニューから「Jobs > Burst > Enable Compilation」を選択して切り替えます。実行時でも切り替えができます。

実行結果

早速実行してみましょう。筆者のPCではFPSが340FPS前後になりました（図13）。Burstを使う前は100FPSだったので3.4倍ぐらいです。

プロファイラで確認

プロファイラでも確認しておきましょう。

DotsTest.Update()の処理時間は、Burstを使わない場合は4.77msでしたが、Burstを使うと1.56msになりました（図14）。

また、UpdateTransformParallelJobの処理時間は、Burstを使わない場合は2ms～4msぐらいでしたが、Burstを使うと0.3ms～0.5msになりました。桁が一つ変わりました。

元のGameObjectのTransformで座標を更新する場合に比べて、6倍以上高速化できました。

ECSによる実装

今度はECSを使って、同じようにロボットを移動するコードを作成していきます。ECSは従来の

▼リスト6　[BurstCompile]属性を付ける

```
// 並列処理でロボットの座標を更新
[BurstCompile]
public struct UpdateTransformParallelJob :
IJobParallelFor
{
    :
```

▼図13　Burstを有効にして実行

▼図14　Burstを有効にした場合のプロファイラ表示

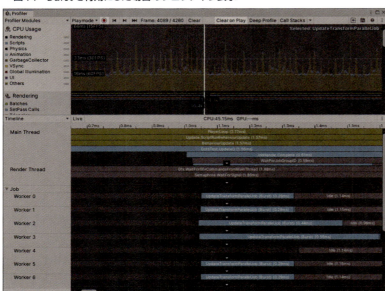

第3章　DOTSで実装してみよう

GameObjectによる実装とは大きく異なります。

◆ シーンの作成

まずは、新しくシーンを作成を作成します。

手順① ライトの設定

Hierarchyウィンドウに始めからあるDirectional LightライトのTransformのRotationを(0,0,0)にします。

手順② カメラの設定

カメラのProjectionは「Orthographic」で、Sizeは"7"にしました（図15）。

手順③ Gameビューの設定

Gameビューのスクリーンサイズは、「1900x1200」にしました。

◆ 表示するロボットのプレハブの作成

ECSでは現状スプライト表示が無いので、Quadを使って表示をします。

手順① Quadの作成

Hierarchyウィンドウで、「3D Object > Quad」を作成します。名前をRobotQuadにします。

◆ 図15　カメラの設定

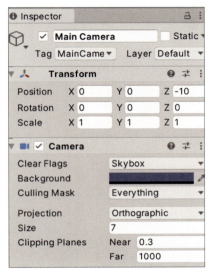

手順② Materialの作成

InspectorウィンドウのMesh Rendererと書いてある辺りにRobot.pngをドロップします（図16）。Element0にマテリアルが設定されます。作成されたマテリアルは、"Materials"というフォルダが自動的にできてその中にマテリアルが作成されます。

手順③ Mesh Colliderの削除

Mesh Colliderは不要なので削除しておきます。

手順④ シェーダーの設定

作成されたマテリアルを選択して、InspectorウィンドウでShader=Standard, Redering Mode=Cutout, Enable GPU Instancingにチェックを入れます。Enable GPU Instancingにチェックを

◆ 図16　Materialの作成

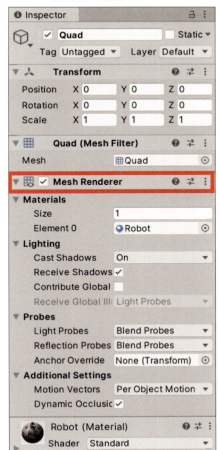

127

特集3　極限まで高速化する 新システム DOTS入門

入れると描画のバッチ処理が効いて、ドローコールが減ります。

手順⑤　プレハブの作成

　HierarchyウィンドウからRobotQuadをProjectウィンドウにドロップして、プレハブ化します。

◆ ロボットエンティティの生成と表示

　まず、ロボットのプレハブからエンティティを作成して、表示するコードを作成していきます。

手順①　生成用コンポーネントデータの作成

　ロボット生成用のコンポーネントデータを作成します。生成する数と、プレハブから変換されたエンティティを保持するデータです。RobotSpawnerComponentData.csファイルを作成し、**リスト7**コードを入力します。

手順②　プレハブからエンティティの作成

　プレハブからエンティティを作成するコードを作成します。RobotSpawnerFromEntity.csファイルを作成して**リスト8**のコードを入力します。

◆ リスト7　RobotSpawnerComponentData.cs

```
using Unity.Entities;

[GenerateAuthoringComponent]
public struct RobotSpawnerComponentData : IComponentData
{
    // 生成するロボットの数
    public int Count;
    // ロボットのEntity
    public Entity RobotEntitiy;
}
```

◆ リスト8　RobotSpawnerFromEntity.cs

```
using System.Collections;
using System.Collections.Generic;
using UnityEngine;
using Unity.Entities;

public class RobotSpawnerFromEntity : MonoBehaviour, IDeclareReferencedPrefabs, ⏎
IConvertGameObjectToEntity
{
    [SerializeField, Tooltip("ロボットのプレハブ")]
    private GameObject robotPrefab;

    [SerializeField, Tooltip("生成するロボットの数")]
    private int numberOfRobots = 100;

    // エンティティに変換するプレハブを登録
    public void DeclareReferencedPrefabs(List<GameObject> referencedPrefabs)
    {
        referencedPrefabs.Add(robotPrefab);
    }
    // エディタのデータをエンティティのデータに変換します
    public void Convert(Entity entity, EntityManager dstManager, GameObjectConversionSystem ⏎
conversionSystem)
    {
        // EntityManagerにコンポーネントデータの追加
        dstManager.AddComponentData(entity, new RobotSpawnerComponentData
        {
            Count = numberOfRobots,
            // プレハブをエンティティの参照にセットします
            RobotEntitiy = conversionSystem.GetPrimaryEntity(robotPrefab)
        });
    }
}
```

第3章　DOTSで実装してみよう

◆図17　EntityTestの状態

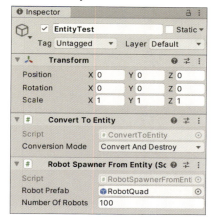

◆図18　ECS版ロボットの表示

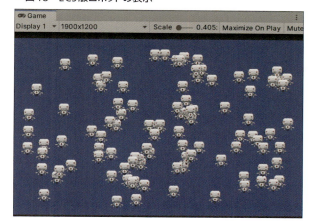

◆図19　Entity Debuggerの起動

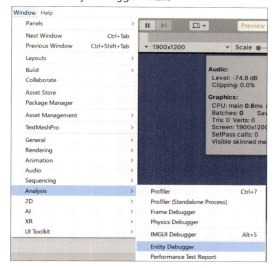

手順③　ゲームオブジェクトの作成とコンポーネントの追加

Sceneビューで空のゲームオブジェクトを作成して、名前を"EntityTest"にします。Position=(0,0,0)にしておきます。

手順④　"Convert To Entity"コンポーネントの追加

ECSで用意されている"Convert To Entity"コンポーネントを追加します。「Conversion Mode」は"Convert And Destroy"にします。コンバートが終わったらこのゲームオブジェクトは破棄されます。

手順⑤　RobotSpawnerFromEntity.cs"コンポーネントの追加

上記手順で作成した"RobotSpawnerFromEntity.cs"コンポーネントを追加します。「Robot Prefab」には"Robot Quad"をセットします。ここまでの状態は図17になります。

手順⑥　ロボットエンティティの生成コード

RobotSpawnerFromEntityで作成されたRobotSpawnerComponentDataを元に、指定数のロボットエンティティを生成します。RobotSpawnerSystemFromEntity.csスクリプトファイルを作成して、リスト9のコードを入力します。

◆実行

一旦実行して確認します。ロボットが表示されていれば成功です（図18）。

◆Entity デバッガの起動

実行すると、EntityTestのゲームオブジェクトはHierarchyから消えているのが確認できると思います。また、Hierarchy上には表示されているロボットのゲームオブジェクトは1つもありません。

全てエンティティで表示されており、それはEntity Debuggerで確認できます。Entity Debuggerはメニューから、「Window > Analysis > Entity Debugger」で表示します（図19）。

129

特集3　極限まで高速化する 新システム DOTS入門

デバッガの表示を見てみましょう（**図20**）。真ん中の表示に、indexとRobotQuadという表示が見えます。これが各エンティティになります。

◆ **ロボットの移動**

表示はできたので、ロボットを移動させてみましょう。GameObject版と同じ用に左右に行ったり

◆ **リスト9　RobotSpawnerSystemFromEntity.cs**

```
using Unity.Burst;
using Unity.Entities;
using Unity.Jobs;
using Unity.Mathematics;
using Unity.Transforms;
using UnityEngine;
using Random = Unity.Mathematics.Random;

// エンティティの作成と削除は、競合状態を防ぐためにメインスレッドでのみ実行できます
// EntityCommandBufferを使用してワーカースレッドで実行するタスクを追加していきます

// システムの更新順序を指定します。プレーヤーループのフェーズの最後に更新されます。
[UpdateInGroup(typeof(SimulationSystemGroup))]
public class RobotSpawnerSystemFromEntity : SystemBase
{
    BeginInitializationEntityCommandBufferSystem m_EntityCommandBufferSystem;

    protected override void OnCreate()
    {
        // コマンドバッファシステムを作成します
        m_EntityCommandBufferSystem = World.GetOrCreateSystem<BeginInitializationEntityCommand ⏎
BufferSystem>();
    }

    protected override void OnUpdate()
    {
        // コマンドバッファを使用すると、実行する処理をキューにいれてワーカースレッドで実行できます
        var commandBuffer = m_EntityCommandBufferSystem.CreateCommandBuffer().AsParallelWriter();

        // コマンドバッファにインスタンス化するコマンドを追加します
        Entities
            // ジョブの名前を設定します。任意ですがプロファイラ等に表示されます。
            .WithName("RobotSpawnerSystemFromEntity")
            // Burstコンパイルします。浮動小数点演算モードはデフォルト、精度は標準、即コンパイルします
            .WithBurst(FloatMode.Default, FloatPrecision.Standard, true)
            .ForEach((Entity entity, int entityInQueryIndex, in RobotSpawnerComponentData ⏎
spawnerFromEntity, in LocalToWorld location) =>
            {
                var random = new Random(100);
                // RobotSpawnerComponentDataを処理します
                for (var x = 0; x < spawnerFromEntity.Count; x++)
                {
                    // RobotEntitiyを生成するコマンドを登録します
                    var instance = commandBuffer.Instantiate(entityInQueryIndex, spawnerFromEntity. ⏎
RobotEntitiy);

                    // ランダムな座標
                    var position = math.transform(location.Value,
                        new float3(random.NextFloat(-10,10), random.NextFloat(-6, 6), 0f));
                    // 座標の設定
                    commandBuffer.SetComponent(entityInQueryIndex, instance, new Translation { Value =
                // 生成は一度なので最後に破棄するコマンドを登録します
                    commandBuffer.DestroyEntity(entityInQueryIndex, entity);
            }).ScheduleParallel();// スケジュールします

        // 依存関係の設定SystemBase.Dependency
        m_EntityCommandBufferSystem.AddJobHandleForProducer(Dependency);
    }
}
```

130

第3章　DOTSで実装してみよう

◆図20　Entity Debugger

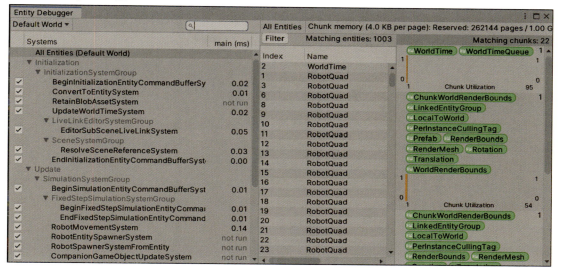

◆リスト10　RobotMovementComponetData.cs

```
using Unity.Entities;
using Unity.Mathematics;

[GenerateAuthoringComponent]
public struct RobotMovementComponetData : IComponentData
{
    // 移動速度
    public float Speed;
}
```

◆リスト11　RobotMovementSystem.cs

```
using Unity.Entities;
using Unity.Jobs;
using Unity.Transforms;

public class RobotMovementSystem : SystemBase
{
    protected override void OnUpdate()
    {
        float deltaTime = Time.DeltaTime;
        Entities
            .WithName("RobotMovementSystem")
            .ForEach((ref Translation translation, ref RobotMovementComponetData movementData) =>
            {
                // 負荷をかけるために単純に100回ループ。GameObject版と合わせる。
                for (int i = 0; i < 100; ++i)
                {
                    // 現在位置に足して更新
                    translation.Value.x += movementData.Speed * deltaTime;
                }
                if( movementData.Speed > 0 && translation.Value.x > 10 ||
                    movementData.Speed < 0 && translation.Value.x < -10)
                {
                    movementData.Speed = -movementData.Speed;
                }
            })
            .ScheduleParallel();
    }
}
```

131

◆リスト12　RobotSpawnerSystemFromEntity.csの追加箇所

```
commandBuffer.SetComponent(entityInQueryIndex, instance, new Translation { Value = position });
// この下に追加
// RobotMovementComponetDataの追加
commandBuffer.AddComponent(entityInQueryIndex, instance, new RobotMovementComponetData
{
    Speed = random.NextFloat(-0.1f, 0.1f)
});
```

◆図21　ECSで移動

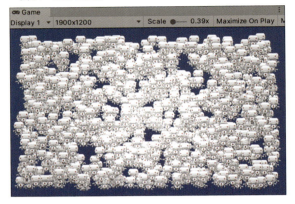

来たり動かします。

手順①　移動用コンポーネントデータの作成

ロボット移動用のコンポーネントデータを作成します。保持する変数は移動速度のみです。RobotMovementComponetData.csファイルを作成し、リスト10のコードを入力します。

手順②　移動処理の作成

RobotMovementComponetDataを処理するコードを作成します。RobotMovementSystem.csファイルを作成し、リスト11のコードを入力します。

手順③　移動用コンポーネントデータの追加

RobotMovementComponetDataをエンティティに追加するコード作成します。RobotSpawnerSystemFromEntity.csにリスト12のコードを追加します。

実行

InspectorウィンドウでEntityTestのNumber Of Robots =1000にして実行してみます。ロボットが左右に動いていれば成功です（図21）。

ECSでロボットを表示して動かすまでを見てきました。これまでのGameObjectの方法とは大きく違うことを確認できたと思います。

ECSはまだ実験段階にあるので、これからまた変更が加わって使いやすくなっていくと思います。まだ本格的に使用するには早そうですが、ECSのデータドリブンの考え方を理解しておくのは良いでしょう。

まとめ

DOTSのJobSystem、Burstコンパイラ、Entitiesを見てきました。これらの技術を使うと、大幅に処理速度をあげることができました。ただし、DOTSのパッケージにはまだ多くの開発中のプレビュー版が含まれているため、頻繁に仕様が変わっています。なのでまだ安定的に使うことができない状態です。

正式リリースになったときのために今から勉強しておくのも良いでしょう。

特集 4

映像表現Timelineで魅力的な映像を作ろう

タイムラインはUnity2017.1から実装された機能です。主にカットシーンやシネマティックなコンテンツ、ゲームプレイシーケンスを作成することができます。このような機能を持つためゲームだけでなく、アニメのEDなどの映像作成にも使われるケースも少なくありません。ここでは前半にタイムラインの基本的な解説、後半は実際に簡単なカットシーンを作成し動画ファイルとしてエクスポートするところまで行います。

- 第1章　Unityタイムラインの仕組み
- 第2章　各トラックの解説
- 第3章　実践! タイムラインを作成してみよう
- 第4章　実践! タイムラインを扱ってみよう
- 第5章　UnityRecorderの紹介

特集4　映像表現Timelineで魅力的な映像を作ろう

第1章 Unityタイムラインの仕組み

Timelineでカットシーンなどのコンテンツを作成するために、まずは簡単に解説し、基本的な用語を交え少しずつTimelineを理解していきましょう。

タイムラインとは

パートの説明でも述べた通り、タイムラインはカットシーンなどの映像コンテンツの作成に特化しています。基本的なフローとしては、タイムラインエディタでアニメーションやサウンドの再生などを含めた一連の流れを格納した「TimelineAsset」を作成し、実際にアニメーションさせるゲームオブジェクトや再生する音源ファイルを割り当てた「TimelineAssetInstance」で再生させる、という流れになります。

各用語についてはもう少し詳しく後述しますが、イメージしやすいように映画に例えてみると、TimelineAssetは映画の台本のようなもので、TimelineAssetInstanceは実際の撮影スタジオと想像してみてください。

台本には俳優の動作やセリフが書かれています。TimelineAssetを台本に例えると、ゲームオブジェクト（俳優）のアニメーション（動作）や、セリフ（ボイス）などを定義するものです。この段階（台本）ではゲームオブジェクト（俳優）はまだ決まっていない状態です。

TimelineAssetInstanceを撮影スタジオに例えると、撮影スタジオでは台本通りに演じる俳優（ゲームオブジェクト）を監督（あなた）が自由に設定することができます。TimelineAssetとTimelineAssetInstanceが分かれていることは、ゲームオブジェクトの動作と、実際に動作するゲームオブジェクトが分かれているということにもなります。その他にも、タイムラインの再生方法なども設定できるのですが、詳しくは後述させていただきます（図1）。

TimelineAssetは台本、別途映画の流れを定義します。TimelineAssetInstanceは撮影スタジオ、選択し、選ばれた俳優が台本通りに動作するというわけです。あくまで例えですが、TimelineAssetとTimelineAssetInstance、この2つを用いて映像コンテンツを再生するのだなということは何となく理解していただけたでしょうか。

次はTimelineAssetを編集するためのエディタについて解説していきます。

◆図1　簡易図

TimelineAsset（台本）
・○○が歩きながら、「おはよう」と言う
・××が歩きながら、「久しぶり」と言う

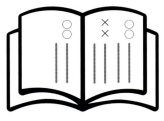

TimelineAssetInstance（スタジオ）
・○○は俳優A
・××は俳優B

第1章　Unityタイムラインの仕組み

Timelineエディタ

Timelineエディタを使用し、カットシーン等のTimelineAssetを作成していく流れとなります。

「Window > Sequencing > Timeline」とメニューを辿っていくことで表示することができます（図2）。もしメニューが存在しない場合はPackage Managerからタイムラインをインストールする必要があります。まずはいくつかある各ボタンの簡単な解説をしていきます（図3）。

- ①プレビューボタン

  TimelineAssetInstanceを選択することによって押すことができるようになります。有効になっている間はゲームを実行せずに、後述する再生ボタンを押すことによってタイムラインを再生できるようになります。

- ②タイムライン再生コントロール

  選択中のTimelineAssetInstanceのプレビュー再生をコントロールできます（表1）。

- ③再生位置フレーム

  現在の再生位置フレームが表示されます。

- ④トラック追加ボタン

  後述するトラックを追加するボタンです。

- ⑤Clip編集モード選択ボタン

  後述するClipを編集するモードを選択できます（表2）。

- ⑥マーカーボタン

  マーカーの表示を切り替えられます。後述するトラックの一つであるSignalTrackで詳しく解説します。

- ⑦タイムラインセレクター

  シーン上にあるTimelineAssetInstanceの一覧

◆図2　タイムラインエディタの表示方法

◆図3　タイムラインエディタ

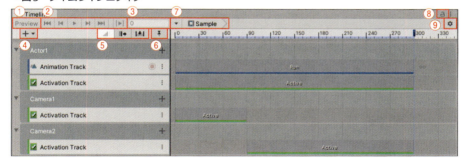

◆表1　タイムライン再生コントロール

ボタン（左から）	説明
タイムライン開始ボタン	最初の再生位置フレームに合わせます
1フレーム戻るボタン	1フレーム戻った再生位置フレームに合わせます
タイムライン再生ボタン	タイムラインを再生します
1フレーム進むボタン	1フレーム進んだ再生位置フレームに合わせます
タイムライン終了ボタン	最後の再生位置フレームに合わせます
再生範囲ボタン	範囲内を再生するようになります

◆表2　Clip編集モード変更ボタン

モード	説明
ミックスモード	Clip同士を重ねることでブレンドするようになります
リップルモード	Clip同士を重ねることができなり、長さを調節すると後ろのClipも追従されます
置換モード	重ねたClipが優先され、重ねられたClipは重なった分短くなります

135

特集4　映像表現Timelineで 魅力的な映像を作ろう

◆表3　設定ボタン

項目	説明
Seconds	計測単位を秒にします。Framesを選択すると解除されます
Frames	計測単位をフレームにします。Secondsを選択すると解除されます
Frame Rate	タイムラインのフレームレートを指定できます
Play Range Mode	再生範囲を指定しているときのみ、ループのオンオフを設定できます
Playback Scrolling mode	Timelineエディタのスクロールの設定ができます
Show Audio Waveforms	オーディオトラックの波形を描画の有無を切り替えられます
Enable Audio Scrubbing	スクラブ再生の有効と無効を切り替えられます
Snap to Frame	再生カーソルのスナップの有無を切り替えられます
Edge Snap	Clipのスナップの有無を切り替えられます

◆表4　Duration Mode

Duration Mode	説明
Based On Clips	Timelineの長さを最後のクリップの終わりにします
Fixed Length	Timelineの長さを指定した時間またはフレームにします

が表示され、簡単に選択することができます。

- ⑧ロックボタン

選択中のTimelineAssetInstanceにフォーカスを固定します。編集中は固定することを推奨します。

- ⑨設定ボタン

計測単位などを設定できます（表3、表4）。

Timeline用語

続いては基本的なTimelineの用語の解説です。

◆ TimelineAsset

Timelineエディタで作成や編集ができるアセットを指します。拡張子は「.playable」です。後述するTrackとClipを定義、格納するためのものです。

◆ TimelineAssetInstance

シーン上にあるゲームオブジェクトに「Playable Director」（後述）というコンポーネントをアタッチし、インスペクタからPlayableに再生させたいTimelineAssetを設定すると作成されます。これにより設定したTimelineAssetの各トラックとリンクするゲームオブジェクトを格納できるようになります。

◆ PlayableDirector

TimelineAssetを再生するコンポーネントです。このコンポーネントはTiemlineAssetを再生する機能を持っています（図4）。

Playable

再生するTimelineAssetを割り当てることができます。

Update Method

クロックソースを設定できます。デフォルトはGameTimeです（表5）。

Play On Awake

ゲームプレイと同時にPlayableに設定したTimelineAssetを再生するかのフラグです。デフォルトは有効になっています。任意のタイミングで

◆図4　PlayableDirectorコンポーネントのインスペクタ

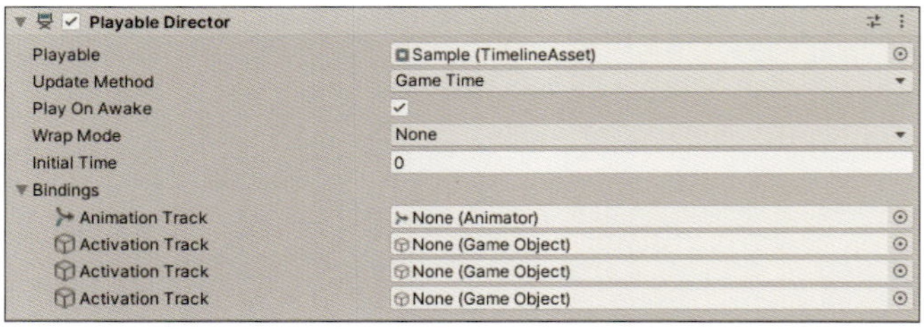

136

第1章　Unityタイムラインの仕組み

◆表5　Update Method（更新方法）

選択肢	説明
DSP Clock	オーディオを同じクロックソースを使用します
GameTime	TimeScaleの影響を受けるゲームのクロックソースを使用します
Unscaled Game Time	TimeScaleの影響を受けないゲームのクロックソースを使用します
Manua	手動で設定したクロックソースを使用します

◆表6　Wrap Mode（ラップモード）

選択肢	説明
Hold	最後のフレームのまま再生を終了します
Loop	最初のフレームに戻り再び再生を繰り返します
None	最初のフレームに戻り再生を終了します

◆表7　標準トラック一覧

標準トラック一覧	説明
Activation Track	オブジェクトの表示非表示を切り替えられます
Animation Track	オブジェクトのアニメーションを制御できます
Audio Track	サウンドファイルの再生ができます
Control Track	オブジェクトの生成などの制御ができます
Playable Track	自作したコードを呼ぶことができます
Signal Track	フレームごとにイベントを登録することができます

再生させたい場合は無効にする必要があります。

Wrap Mode

　Playableに設定したTimelineAssetの最後のフレーム後の挙動を指定できます。デフォルトはNoneです（**表6**）。

Initial Time

　タイムラインをフレームと秒のどちらの計測単位で表示しているかによって少しだけ異なりますが、基本的に指定した値分スキップした位置からタイムラインを再生します。フレーム表示なら指定したフレーム数をスキップした位置から、秒表示なら指定した秒数をスキップした位置からタイムラインを再生します。WrapModeがHold以外の場合、最後のフレーム後の戻る位置はInitialTimeに関係なく最初のフレームに戻るため注意が必要です。

Bindings

　Playableに割り当てられているTimelineAssetの各Track（後述）とリンクしているゲームオブジェクトの一覧が表示されます。なお、これらのリンクのことをBindingといいます。

◆ Track（トラック）

　タイムラインには用途ごとに数種類のトラック

があります。各トラックにはアニメーションを再生させたり、音を鳴らしたりとトラックごとに機能が分かれています。トラックを使い分けカットシーン等を作っていきます。

　詳細に関しては次の章で簡単にご説明します（**表7**）。

◆ Clip（クリップ）

　Trackごとに専用のClipを追加することができます。Clipは端をドラッグすると長さを調整でき、端以外をドラッグすることで移動させることができます。インスペクタで挙動を設定できるのですがトラックごとに異なるため、こちらも次の章でTrackと合わせて簡単にご説明します。

まとめ

　この章ではタイムラインを扱っているとよく出てくる用語の解説を中心にタイムラインの仕組みについて解説しました。次章以降では、本章で紹介した用語がたくさん出てきます。「○○って何だっけ？」となったら本章を見返してみることでより理解していただければと思います。

特集4　映像表現Timelineで魅力的な映像を作ろう

第2章 各トラックの解説

TimelineAssetは各トラックを組み合わせて作成していきます。本章ではUnity標準のTrackである「Activation Track」「Animation Track」「Audio Track」「Control Track」「Playable Track」「Signal Track」の6つの紹介をしていきます。

はじめに

ここで解説する6つのTrackは、それぞれの機能が異なりますので、まずは各Trackについて理解していきましょう。Trackを使いこなせるようになればTimelineの作成はグッと楽になります。なお、TimelineAssetへのTrackの追加方法は「＋▼」と表示されているTrack追加ボタンを押すことで可能です（図1）。もしくはTimelineエディタの左側を右クリックすることでも追加できます（図2）。

基本的にTrackとClip（PlayableAsset）はワンセットです。ActivationTrackにはActivation Clip（Activation Playable Asset）のように、トラックとクリップはペアになっています。それぞれのTrackとClipの解説と使い方を中心に解説をしていきます。

ActivationTrack（アクティベーショントラック）

アクティベーションを直訳すると「活性化」です。簡潔に説明するとオブジェクトの表示と非表示を切り替えることができるシンプルなトラックです。ゲームオブジェクトクラスのSetActive関数にとても似ています。

トラック上で右クリックすると「Add Activation Clip」という項目が表示されます。選択するとActivation Clipが追加されます。Clip内では指定したオブジェクトが表示され、Clipの外ではオブジェクトは非表示になります。

簡単な使用方法の一例としてカメラの切り替えが挙げられます（図3）。

AnimationTrack（アニメーショントラック）

その名の通りオブジェクトにアニメーションをさせるトラックです。移動や回転、アニメーションの再生など汎用性が高いトラックですが、対象

◆図1　TimelineAsset上のトラック

◆図2　Track追加方法

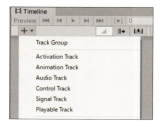

◆図3　Activation TrackとActivation Clip

138

第2章 各トラックの解説

となるオブジェクトには必ずAnimationコンポーネントが必須ということに注意してください。

アニメーションを再生させる方法

実際にアニメーションを再生させる方法は、

- 既存のアニメーションファイルを元に再生する方法
- オブジェクトの挙動をレコードする方法

の二通りあります。

既存のアニメーションファイルを元に再生する

この方法はプロジェクト内にあるアニメーションファイルを指定したオブジェクトに再生させることができます。トラック上を右クリックし表示される項目から「Add From Animation Clip」を選択することで、アニメーションファイルを指定することができます。指定したアニメーションファイルを持つアニメーションクリップがトラック上に追加されます。追加したアニメーションクリップは他のアニメーションクリップと重ねることでブレンドすることが可能です(図4)。

これにより自然なアニメーション遷移の実現が可能になります。ループのオンオフなどもインスペクタから設定できるため、使いこなせればとても強力なトラックとなります。

オブジェクトの挙動をレコードする

この方法は移動や回転などの簡単な動作のアニメーションに向いています。オブジェクトを指定してからレコードする必要があるため、Timeline Assetからではレコードできないことに注意が必要です。TimelineAssetInstanceで対象となるオブジェクトを選択しなければレコードできません。オブジェクトを指定したら赤いレコードボタンを押すことでレコード状態になります。この状態であれば任意のキーフレームにアニメーションキーを追加していくことが可能です(図5)。

もう一度レコードボタンを押すことでレコード状態を解除することができます。このままではアニメーションのブレンドはできませんが、右クリックして表示される「Convert To Animation Clip」を選択するとAnimation Clipとしてレコードしたアニメーションを扱うことができます。また、アニメーションは「Edit in Animation Window」を選択することでAnimationエディタから編集することが可能です。

Animationエディタは以前からあるため慣れている人も少なくないと思われます。必要に応じて使い分けてみてください。

Animation Trackのインスペクタの項目の解説

Animation Trackのインスペクタの項目を簡単に解説していきます(図6)。

◆図4 アニメーションクリップ同士のブレンド

◆図5 アニメーションのレコード

◆図6 Animation Trackのインスペクタ

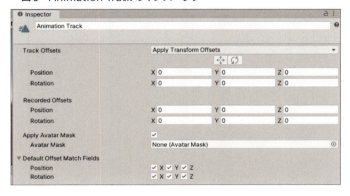

139

◆表1　Track Offsets

Track Offsets	説明
Apply Transform Offsets	絶対座標で動くようになります
Apply Scene Offsets	現在の位置からの相対座標で動くようになります
Auto	自動設定にします。非推奨のため注意が必要です

Track Offsets

位置や回転のオフセットを適用して再生させたい場合に設定します。Apply Transform Offsetsを選択しているときにのみ設定できます（**表1**）。

Recorded Offsets

レコードしたアニメーションに対して設定できるオフセットです。

Apply Avatar Mask

Track上の全てのAnimation Clipにアバターマスクの設定を適用することができます。

Default Offset Match Fields

Track上の全てのAnimationClipのデフォルトのマッチングオプションを設定できます。

Animation Clipのインスペクタの項目の解説

Animation Clipのインスペクタの項目を簡単に解説していきます（**図7**）。

Clip Timing

Clipの詳細を設定できます（**表2**）。

Animation Extrapolation

Animation Clipの前後にあるギャップにアニメーションをどのように近似させるかを設定できます（**表3**）。デフォルトはHoldです。

Blend Curves

Clip同士をブレンドが行われるときの遷移を設定できます（**表4**）。

◆図7　Animation Clipのインスペクタ

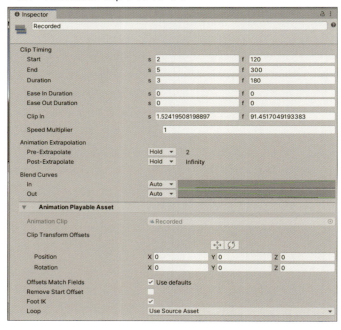

◆表2　Clip Timing

Clip Timing	説明
Start	Clipが開始するフレームまたは時間（秒）です
End	Clipが終了するフレームまたは時間（秒）です
Duration	Clipの長さのフレームまたは時間（秒）です
Ease In Duration	Clipのイージーインの長さのフレームまたは時間（秒）です
Ease Out Duration	Clipのイージーアウトの長さのフレームまたは時間（秒）です
Clip In	元となるアニメーションファイルの再生オフセットです
Speed Multpiler	Clipの再生速度です

第 2 章　各トラックの解説

◆表3　Animation Extrapolation

Animation Extrapolation	説明
None	補外を無効にします
Hold	Clipの開始時もしくは終了時の状態を維持します
Loop	Clipをループして再生します
Ping Pong	Clipを再生、逆再生、再生、というようにループさせます
Continue	元のアニメーションファイルを再生します

◆表4　Blend Curves

Blend Curves	説明
Auto	自動設定にします
Manual	手動設定にします

◆表5　Loop

Loop	説明
Use Source Asset	元のアニメーションファイルの設定に依存させます
On	有効にします
Off	無効にします

Animation Clip

元のアニメーションファイルです。

Clip Transform Offsets

AnimationClipのルートの位置や回転のオフセットを適用して再生させたい場合に設定します。

Offsets Match Fields

AnimationClipのマッチングオプションを設定できます。

Remove Start Offset

有効にするとAnimationClipの開始位置と回転を0にすることができます。個々に設定することもできます。

Foot IK

Foot IKを有効にすることができます。ヒューマノイドのアニメーションに対応しており、足の挙動を改善することができます。

Loop

アニメーションのループ再生を設定できます（表5）。

Audio Track

音を再生するトラックです。TimelineAssetInstanceで指定するオブジェクトにはAudioSourceコンポーネントをアタッチする必要があることに注意してください。

トラック上を右クリックして表示されるメニューから「Add From Audio Clip」を選択することによって、プロジェクト内にある音源ファイル（.wavや.mp3などの一般的なファイル形式）を指定することができます。指定した音源ファイルを持つAudioClipがトラック上に追加されます。またAnimation Clipと同様、Clip同士を重ねることでブレンドさせることが可能です。

Audio Trackのインスペクタの項目の解説

Audio Trackのインスペクタの項目を簡単に解説していきます（図8）。

Volume

音源の音量を設定できます。

Stereo Pan

音が聴こえる方向を設定できます。

◆図8　Audio Trackのインスペクタ

Spatial Blend

2Dサウンドの比率と3Dサウンドの比率を設定できます。3Dに近づけるほど音を拾うAudio Listenerの位置と音を再生するオブジェクトの位置に応じて聞こえ方が変わります。TimelineAssetの状態では設定できず、TimelineAssetInstanceから対象となるオブジェクトを指定することで設定できるようになります。

◆ Audio Clipのインスペクタの項目の解説

Audio Clipのインスペクタの項目を簡単に解説していきます（図9）。

Clip Timing

Clipの詳細を設定できます（表6）。

◆図9　Audio Clipのインスペクタ

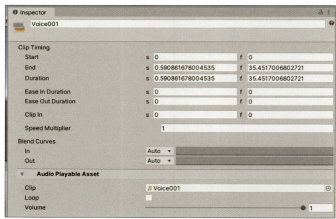

◆表6　Clip Timing

Clip Timing	説明
Start	Clipが開始するフレームまたは時間（秒）です
End	Clipが終了するフレームまたは時間（秒）です
Duration	Clipの長さのフレームまたは時間（秒）です
Ease In Duration	Clipのイージーインの長さのフレームまたは時間（秒）です
Ease Out Duration	Clipのイージーアウトの長さのフレームまたは時間（秒）です
Clip In	元となる音源の再生オフセットです
Speed Multpiler	Clipの再生速度です

Blend Curves

Clip同士をブレンドが行われるときの遷移を設定できます（表7）。

Clip

音源ファイルです。

Loop

ループ再生させるかを設定できます。

Volume

音源の音量です。

Control Track

シーンに存在するオブジェクトを制御したり、Prefabの生成を制御したりすることができるTrackです。インスペクタの設定項目の説明と交えて機能の解説をしていきます。

◆ Control Trackのインスペクタの項目の解説

Control Trackのインスペクタの項目を簡単に解説していきます（図10）。

Clip Timing

Clipの詳細を設定できます（表8）。

Source Game Object（Parent Object）

シーン上に存在するオブジェクトを制御対象として設定することができます。後述するPrefab項目にオブジェクトを設定した場合は、

◆表7　Blend Curves

Blend Curves	説明
Auto	自動設定にします
Manual	手動設定にします

第2章 各トラックの解説

◆図10 コントロールクリップのインスペクタ

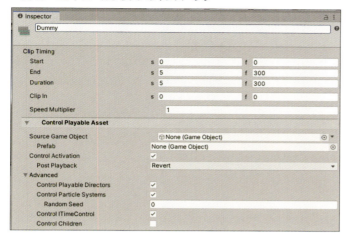

◆表8 Clip Timing

Clip Timing	説明
Start	Clipが開始するフレームまたは時間（秒）です
End	Clipが終了するフレームまたは時間（秒）です
Duration	Clipの長さのフレームまたは時間（秒）です
Clip In	Clipの再生オフセットです
Speed Multpiler	Clipの再生速度です

◆表9 PostPlayback

Post Playback	説明
Active	アクティブ状態になります
Inactive	非アクティブ状態になります
Revert	再生開始時の状態に戻します

◆表10 Advanced

Advance	説明
Control Playable Directors	制御対象からPlayableDirectorコンポーネントを取得し情報を伝えるようになります
Control Particle Systems	制御対象からParticleSystemコンポーネントを取得し情報を伝えるようになります
Random Seed	パーティクルに指定したシード値を設定できます
Control ITimeControl	制御対象からITimelineControlコンポーネントを取得し情報を伝えるようになります
Control Children	制御対象の子オブジェクトに対してオプションを適用させるかを設定できます

Parent Objectという項目になります。制御対象はPrefabに指定したオブジェクトになり、設定したオブジェクトはPrefabに指定したオブジェクトの親オブジェクトとして扱われます。

Prefab

プロジェクト内に存在するオブジェクトを制御対象として設定することができます。設定した場合、Source Game Objectの項目はParent Objectという項目になります。

Control Activation

制御対象であるオブジェクトの表示と非表示を操作することができます。制御対象がPrefabの場合、Parent Objectに指定したオブジェクトの子として生成されるようになります。

Post Playback

Clipの再生終了後のアクティブ状態を設定できます（表9）。

Advance

アクティブ状態の他にもいくつかのオプションを設定できます（表10）。

143

特集4　映像表現Timelineで 魅力的な映像を作ろう

◆図11　PlayableTrack用クラスの作成方法

◆図12　Signal Emitterのインスペクタ

Playable Track（再生可能なトラック）

作成したスクリプトを実行できるトラックです。PlayableAssetを継承したクラスとPlayableBehaviourを継承したクラスを作成する必要があります（図11）。

簡単な使用例も交えながら、以降の章でもう少し具体的に解説していきます。

Signal Track（シグナルトラック）

2019.1から実装された新機能です。タイムライン上の指定した位置に、任意のイベントを差し込むことが可能になります。

◆ Signal Asset（シグナルアセット）

一つのシグナルアセットは複数のTimeline Instanceで使いまわすことができます。

◆ Signal Receiver（シグナルレシーバー）

シグナルアセットごとにイベントを登録することができます。各シグナルアセットが呼ばれた時に登録したイベントが発火します。

◆ Signal Emitter（シグナルエミッター）

タイムライン上に配置でき、SignalAssetへの参照を持ちます（図12）。

Time

シグナルが呼ばれる時間です。fがフレーム、sは秒単位です。

Retroactive

有効にすると指定したTimeより後ろからTimelineを再生した場合にシグナルが呼ばれるようになります。

Emit Once

有効にするとTimelineがループしたときに1度だけしかシグナルが呼ばれなくなります。

Emit Signal

呼ぶSignal Assetを指定できます。

まとめ

ここではUnity標準のTrack6つを紹介しました。次章では実際にこれらのTrackを活用し簡単なカットシーンを作っていきます。

特集4　映像表現Timelineで魅力的な映像を作ろう

第3章

実践！タイムラインを作成してみよう

これまでの章ではトラックなどの用語の解説を交え、Timelineの仕組みについて簡単に説明しました。本章では実際にTimelineをいくつか作成していきます。作成するサンプルのTimelineでは、Unity Technologies Japanが提供しているユニティちゃんのアセットを使用します（バージョンは1.2.2です）。今回はユニティちゃんのアセットだけを使って作ります。

準備

まずはUnityのプロジェクトを作成します。バージョンは2019.4.0f1を使用していきます。テンプレートは3Dを選択しておいてください（図1）。アセットストアウィンドウを開き、ユニティちゃん（Unity-Chan！Model）をダウンロードしてください[注1]。インポートが終了したら準備完了です。

作成するタイムラインの紹介

今回作成するサンプルタイムラインは、ユニティちゃんがいくつかのポージングを連続して行うものです（図2）。アクティベーショントラック、アニメーショントラック、オーディオトラック、コントロールトラックの4つのトラックを中心に

▼図2　作成するTimelineのワンシーン

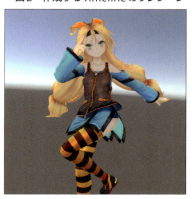

注1）C Unity Technologies Japan / UCL

◆図1　アセットストア

145

使用します。

次章ではここで作成したTimelineを用いた簡単なゲームを作ってみます。そのときに他の2つのトラックを使います。

◆ TimelineAssetの作成

まずはTimelineAssetを用意します。プロジェクト直下のAssets直下にTimelinesというフォルダを作成し、その中にTimelineAssetを作成しましょう。

プロジェクトウィンドウ内で右クリックし、「Create > Timeline」を選択します（**図3**）。名前は"PoseSequence"としておきます。TimelineAssetを編集するためにTimelineエディタも開いておきます。

◆ TimelineAssetInstanceの作成

TimelineAssetを再生するためにはTimelineAssetInstanceが必要となります。

ヒエラルキーウィンドウ上に先ほど作成した"PoseSequence"をドラッグしてみてください。PlayableDirectorがアタッチされているゲームオブジェクトが配置されます。このオブジェクトがTimelineAssetInstanceとなります（**図4**）。主役であるユニティちゃん（Assets / unity-chan！/ Unity-chan！）Model / Art / Models / unitychan.fbx）を"PoseSequence"の子として配置しておきます。

◆ ユニティちゃんのアニメーションを設定

これでTimelineAssetである"PoseSequence"を再生する準備は整いました。

次は"PoseSequence"を編集していきます。シーンに配置した"PoseSequence"を選択するとTimelineエディタに"PoseSequence"の情報が表示されます。編集しやすくするためにロックを有効にしておきましょう。他のオブジェクトを選択しても"PoseSequence"の情報を表示し続けるようになります。

ユニティちゃんのアニメーションから登録していきます。シーンに配置したユニティちゃんをTimelineエディタの左側にドラッグしてみてください。「Add Animation Track」を選択することでユニティちゃんのアニメーショントラックが追加されるはずです。

まずは"POSE01"というAnimationClipを追加してみましょう。トラック上に"POSE01"を持つAnimationClipが作成されましたが、このままだと再生時間が短いため右端をドラッグするか、インスペクタからDurationの値を操作して90f（1.5s）に伸ばしてみてください。これにより"POSE01"を持つAnimationClipの再生時間が伸びました（**図5**）。

"POSE01"を持つAnimationClipを選択している状態でCtrl+Dのショートカットキーを入力すると複製することができます。複製したクリップのインスペクタに表示されているAnimationClipを"POSE02"に

◆ 図3　TimelineAssetの作成

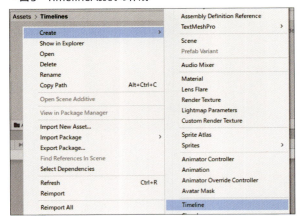

◆ 図4　TimelineAssetInstance

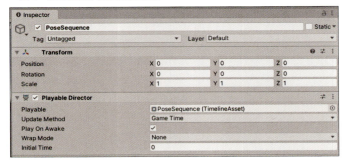

第3章 実践! タイムラインを作成してみよう

変更してみましょう。トラック上には"POSE01"と"POSE02"の2つのクリップがあると思われます（図6）。

一旦プレビューを再生してみてください。

ユニティちゃんはPOSE01を再生し、90f後にPOSE02を再生するはずです。このままではアニメーションが一瞬で切り替わってしまい、不自然な遷移になっています。自然な遷移に修正するためには、クリップを重ねる必要があります。重ねることでクリップ同士がブレンドされ、アニメーションが滑らかに遷移するようになります。POSE02クリップの開始位置を60fにしてみてください（図7）。この状態でプレビューを再生すると自然な遷移が確認できるはずです。

このように"POSE01"～"POSE05"の各アニメーション持つAnimationClipを追加して繋げてみてください。隣り合うクリップはブレンドするために30fだけ重ねて配置してください。最初と最後のクリップのDuration（クリップの長さ）は90f、その他は120fに設定してください。

ユニティちゃんのかけ声を設定

次はAudioTrackを使ってユニティちゃんにポーズをとるときにかけ声を発してもらいましょう。

AnimationTrackを追加したときと同様に、シーンに配置したユニティちゃんをTimelineエディタの左側にドラッグしてください。「Add Audio Track」を選択するとAudioTrackが追加されます。するとユニティちゃんのインスペクタにAudioSourceコンポーネントがアタッチされます。AudioTrackに指定するオブジェクトには必ずAudioSourceが必要なため自動でアタッチされました。

AudioTrack上にAudioClipを追加していきましょう。かけ声（Assets/unity-chan!/Unity-chan! Model/Audio/Voice/univ0004.wav）はそれぞれのアニメーションの開始位置に設定していきます（図8）。

プレビューを再生してみるとユニティちゃんがポーズをとると同時に、可愛らしい声を発するようになっているはずです。AnimationTrackとAudioTrackの2つを使っただけですが、簡単にユニティちゃんが動作するTimelineを作成することができました。

カメラワークを設定

次はTimeline再生中のカメラワークを設定します。今回は複数のカメラを用意し、それぞれの表示と非表示を切り替えてカメラワークを設定していきます。

まずはシーンに配置した"PoseSequence"のTimelineAssetInstanceの子として、新たにカメラオブジェクトを追加してください。ヒエラルキーウィンドウ内で"PostSequence"のTimelineAssetInstanceを右クリックし、表示されるメ

◆図5　POSE01クリップの長さの調整

◆図6　POSE01とPOSE02

◆図7　POSE01とPOSE02のブレンド

◆図8　かけ声の設定

ニューからCameraを選択すると作成できます。作成したカメラオブジェクトの位置と角度はユニティちゃんが最初に行うアニメーションに合わせて設定しみてください。

このカメラオブジェクトをTimelineエディタの左側にドラッグ、「Add Activation Track」を選んでActivationTrackを追加しましょう。クリップの長さはアニメーションに合わせてみてください。これによりこのカメラオブジェクトは一つ目のオーディオクリップの再生中にアクティブになるようになりました。

少し見栄えを良くするためにカメラに動きをつけてみましょう。

先ほどと同じようにカメラオブジェクトをTimelineエディタの左側へドラッグし、AnimationTrackを追加してください。元となるアニメーションデータが存在しないため、アニメーションはレコードする方法で実装します。AnimationTrackにある赤いレコードボタンを押してください。

フレームにアニメーションキーを打っていくことでアニメーションをレコードしていきます。ActivationClipの最初のフレームに最初の座標と角度を、最後のフレームにここまで動かしたいという座標と角度をカメラオブジェクトのインスペクタで設定してみてください。最初と最後のフレームにアニメーションキーが打たれているはずです（図9）。

プレビューを再生してみるとカメラが指定した座標まで滑らかに動くようになりました。レコードボタンの右隣のカーブのボタンを押すと、アニメーションカーブの確認と編集ができます。お好みに調整してみてください。Animationエディタでもキーの編集が可能です。

これを再生するアニメーションごとにカメラを設定してみてください（図10）。

プレビューを再生してみるとユニティちゃんのアニメーションごとに設定した通りのカメラがアクティブになり動くようになりました。再生中にヒエラルキーウィンドウで各カメラに注目するとアクティブが切り替わっているのが確認できるはずです。

Cinemachine

AnimationTrackでカメラの動作をレコードする方法を試しましたが、UnityにはCinemachineというカメラワーク用のコンポーネントが存在しま

◆図9　カメラオブジェクトのActivationTrackとAnimationTrack

◆図10　カメラワークの設定例

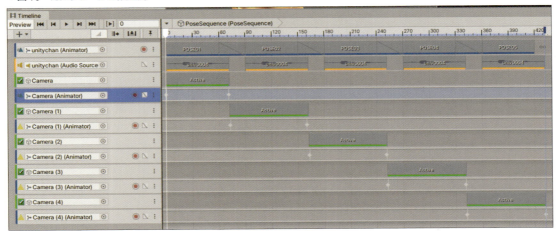

148

第3章　実践! タイムラインを作成してみよう

◆図11　TrackGroup

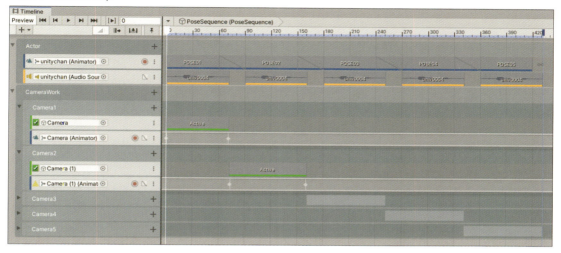

す。Cinemachineを用いることでより複雑なカメラワークも簡単に実装できます。今回は割愛しますが、興味のある方はパッケージマネージャーからインストールして使ってみてください。

TrackGroup

　Trackが増えてきたためここで一旦整理してみましょう。

　TimelineにはTrackGroupという機能が存在します。これを使用することでTrackをまとまりごとに分別することができます（図11）。グループ単位でTrackを閉じることもでき、編集しないTrackはまとめて閉じておくと作業がしやすくなります。入れ子もできるため細かくまとめることができますが、使い過ぎには注意してください。かえってどのグループにどのTrackがあるかを探す作業が発生してしまう可能性があります。

◆ 演出を動的に生成する

　ユニティちゃんがポーズをとるたびにパーティクルを表示する演出を取り入れてみましょう。ControlTrackを用いて、プレハブ化させたパーティクルを生成する流れとなります。

　まずはパーティクルをプレハブ化する前に、確認も兼ねてシーン上で一度作ってみましょう。

　ヒエラルキーウィンドウ上で右クリックし、「Effects > Particle System」を選択しパーティクルを生成してください。インスペクタでX座標を0、Y座標は1、Z座標は-2に設定してください。ユニティちゃんの後ろからパーティクルが放出されていると思われます。

　プロジェクトウィンドウ上のAssets直下にParticlesというフォルダを作成してください。パーティクルオブジェクトをフォルダ内にドラッグするとプレハブ化させることができます。シーン上のパーティクルオブジェクトは削除しておいてください。

　次はTimelineエディタの左側にパーティクルプレハブをドラッグしてください。ControlTrackとクリップが追加されたはずです。クリップの長さはオーディオクリップの長さに合わせてください。クリップのインスペクタに注目するとプレハブの項目にパーティクルプレハブが設定されていることを確認してください。

　このままでも再生中にパーティクルが生成されますが、親オブジェクトが未設定のためシーン直下に生成されてしまいます。これを回避するためにシーン上のPoseSequenceの子に空オブジェクトを作成し、それを親オブジェクトで指定してください。これにより生成されたパーティクルは空オブジェクトの子として生成されます。

　最後にクリップを複製しておきましょう

特集4　映像表現Timelineで 魅力的な映像を作ろう

◆図12　パーティクルオブジェクトの生成

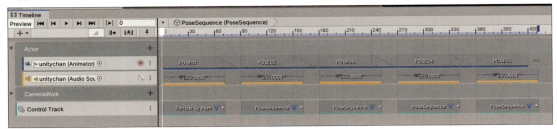

（図12）。プレビューを再生してみるとパーティクルオブジェクトが動的に生成されているのを確認できるはずです。

まとめ

ユニティちゃんがかけ声とともにポーズを取り、ポーズごとにカメラワークが異なるTimelineを作成してみました。ActivationTrack、AnimationTrack、AudioTrack、ControlTrackの4つのTrackの使い心地はいかがでしたでしょうか。このくらいのものであればコードいらずのため、簡単に実装できるのがTimelineの魅力の一つでもあります。

次章では他のTrackを使用してこのTimelineを簡単なゲームに組み込までいきます。

150

特集4　映像表現 Timeline で魅力的な映像を作ろう

第4章

実践! タイムラインを扱ってみよう

前章ではタイムラインを作成しました。本章では実際にTimelineをゲーム実行中に扱ってみます。大まかな流れとしては作成したTimelineを使い、簡単なゲームを作ります。この工程に沿って残りのPlayableTrackとSignalTrackの2つや、タイムラインをスクリプトから制御する方法などの基本的な解説を行っていきます。

作成するゲームの紹介

今回作成するゲームの内容は、ユニティちゃんのポーズに合わせ、ランダムに抽選されたキーボードのキーを押すだけの簡単なゲームです。前章で作成したタイムラインでは使用しなかったPlayable TrackとSignal Trackを用いてゲーム化させていきます。

- Playable Trackの役目
  ボタンの入力を検知するために使用します。
- Signal Trackの役目
  ボタンを押すタイミングのオンオフに使用します。

◆リスト1　PoseSequence

```
using UnityEngine;
using UnityEngine.UI;

/// <summary>
/// TimelineAssetInstance に追加でアタッチするクラス
/// </summary>
public class PoseSequence : MonoBehaviour
{
    // ❶
    KeyCode m_KeyCode = default;

    // ❷
    bool m_EnableInputKey = false;

    // ❸
    public void CheckInputKeyCode()
    {
        if (!m_EnableInputKey) return;

        if (Input.GetKeyDown(m_KeyCode))
        {
            Debug.Log("Success.");
        }
    }
}
```

TimelineAssetInstanceにアタッチするクラスを作成

各トラックを実装する前に、必要な処理を持つクラスを先に作成しておきます。このクラスにはPlayableTrackとSignalTrackで使用する関数を用意する予定です。前章で作成したTimelineAssetInstanceと同じ名前であるPoseSequence.csという名前のスクリプトをリスト1のように作成しましょう。

プロジェクトウィンドウのAssets直下にScriptsというフォルダを作成し、右クリックから「Create > C#Script」を選択して作成してください。スクリプトが生成されます。

リスト1❶はKeyCodeという列挙型はキーボードの各キーを列挙したものです。この変数に格納したKeyCodeの入力を検知します。

❷は、キーの入力が有効中かのフラグです。trueのときに入力を検知できます。

❸は、入力を検知する関数です。格納していたKeyCodeの入力を検知したら"Success"とログが表示されます。

スクリプトの用意が完了したら、シーン上の"PoseSequence"のTimelineAssetInstanceにPoseSequenceクラスを忘れずにアタッチしてください。

151

特集4　映像表現Timelineで 魅力的な映像を作ろう

キーの入力を検出する PlayableTrack を作成

◆ PlayableTrack を継承した クラスを作成

　改めて説明するとPlayableTrackはスクリプトを実行することがきます。PlayableTrackを使用するには専用のクラスを2つ作成する必要があります。

　プロジェクトウィンドウのAssets/Scriptsフォルダ内で右クリックし、「Create > Playables >

Playable Behaviour C# Script」を選択してください。PlayableBehaviourを継承したクラスを作成することができます。名前はCheckInputKeyPlayable Behaviourとし、コードをリスト2に置き換えてください。

　リスト2❶は、PostSequenceクラスのインスタンスを保持するための変数です。

　❷は、PostSequenceクラスのインスタンスを受け取る関数です。

　❸は、クリップ内で毎フレーム呼ばれる関数です。

◆ リスト2　CheckInputKeyPlayableBehaviour

```
using UnityEngine.Playables;

public class CheckInputKeyPlayableBehaviour : PlayableBehaviour
{
    // ❶
    PoseSequence m_PostSequence = default;

    // ❷
    public void SetPostSequence(PoseSequence poseSequence)
    {
        m_PostSequence = poseSequence;
    }

    // ❸
    public override void PrepareFrame(Playable playable, FrameData info)
    {
        // キーボードの入力を確認する
        m_PostSequence.CheckInputKeyCode();
    }
}
```

◆ リスト3　CheckInputKeyPlayableAsset

```
using UnityEngine;
using UnityEngine.Playables;

[System.Serializable]
public class CheckInputKeyPlayableAsset : PlayableAsset
{
    // ❶
    [SerializeField]
    ExposedReference<PoseSequence> m_PostSequence = default;

    // ❷
    public override Playable CreatePlayable(PlayableGraph graph, GameObject go)
    {
        var checkInputKeyPlayableBehaviour = new CheckInputKeyPlayableBehaviour();
        var poseSequence = m_PostSequence.Resolve(graph.GetResolver());
        checkInputKeyPlayableBehaviour.SetPostSequence(poseSequence);

        return ScriptPlayable<CheckInputKeyPlayableBehaviour>.Create(graph, checkInputKeyPlayableBehaviour);
    }
}
```

◆図1　Playable Trackの追加例

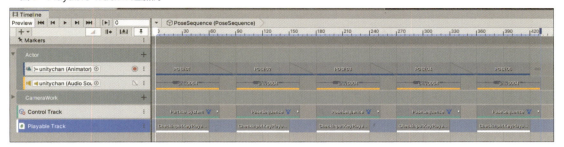

◆リスト4　PoseSequenceクラスのAwake関数

```
void Awake()
{
    m_KeyCode = KeyCode.Space;
    m_EnableInputKey = true;
}
```

PlayableAssetを継承したクラスを作成

　続けて「Create > Playables > Playable Asset C# Script」を選択してください。PlayableAssetを継承したクラスを作成することができます。名前はCheckInputKeyPlayableAssetとし、コードをリスト3に置き換えてください。

　リスト3❶で、インスペクタからPostSequenceクラスのインスタンスを取得できるようになります。

　❷は、CheckInputKeyPlayableBehaviourに情報を渡す関数です。

トラックとクリップを追加する

　スクリプトの用意が完了するとTimelineエディタで作成したPlayableTrackを追加することができるようになります。

　Timelineエディタの左側で右クリックし、Playable Trackを選択してください。Playable Trackが追加されるはずです。トラック上で右クリックすると、「Add From Pose Sequence」と「Add Check Input Key Playable Asset」の二つが選択できるようになっています。どちらを選択してもクリップを追加することができます。

　「Add From Pose Sequence」を選択するとSelect Pose Sequenceというウィンドウが表示されます。シーンに配置している"PoseSequence"のTimelineAssetInstanceを選択するとクリップが追加されます。

　「Add Check Input Key Playable Asset」を選択すると即時にクリップが追加されます。クリップのインスペクタを見てみるとPoseSequenceが空のままです。シーンに配置している"PoseSequence"のTimelineAssetInstanceをアタッチするのを忘れないように注意してください（図1）。

　実際に実行し確認してみましょう。その前にPoseSequenceクラスにリスト4のコードを追加してください。Awake関数はシーン上に存在するのであれば、そのシーンが読み込まれた時に一度だけ呼ばれる関数です。一旦スペースキーの入力を検知するように初期化します。

　"PoseSequence"のTimelineAssetInstanceにアタッチされているPlayableDirectorのPlayOn Awakeにチェックが入っているのを確認し、ゲームを実行してみましょう。実行と同時にTimelineが再生されますので、クリップ内を再生しているタイミングでスペースキーを押してみましょう。"Success"というログが表示されるのを確認できたでしょうか。

　このようにPlayableTrackでは自作したスクリプトで処理を呼ぶことができるのを確認できました。次はSignalTrackを使用していきます。

キーの入力検知の開始と終了イベントを用意する

PoseSequenceクラスを修正

　次はキーの入力検知の開始と終了のタイミング

特集4　映像表現Timelineで 魅力的な映像を作ろう

◆ リスト5　PoseSequenceクラスの修正

```
using UnityEngine;
using UnityEngine.UI;

/// <summary>
/// TimelineAssetInstance に追加でアタッチするクラス
/// </summary>
public class PoseSequence : MonoBehaviour
{
    // ❶
    [SerializeField]
    Text m_KeyCodeText = null;

    KeyCode m_KeyCode = default;

    bool m_EnableInputKey = false;

    public void CheckInputKeyCode()
    {
        if (!m_EnableInputKey) return;

        if (Input.GetKeyDown(m_KeyCode))
        {
            Debug.Log("Success.");
            m_EnableInputKey = false;
            m_KeyCodeText.gameObject. ⤸
SetActive(false);
        }
    }

    // ❷
    public void OnStartDetection()
    {
        // キーを抽選
        m_KeyCode = GetRandomKeyCode();
        m_EnableInputKey = true;

        m_KeyCodeText.gameObject.SetActive(true);
        m_KeyCodeText.text = m_KeyCode. ⤸
ToString();
    }

    // ❸
    public void OnEndDetection()
    {
        // 入力を無効にする
        m_EnableInputKey = false;
        m_KeyCodeText.gameObject. ⤸
SetActive(false);
    }

    // ❹
    KeyCode GetRandomKeyCode()
    {
        // A ～ Z のキーコードをランダムに取得する
        var keyCodeToInt = Random.Range(97, 122 ⤸
+ 1);
        return (KeyCode)keyCodeToInt;
    }
}
```

に合わせて処理を実行していきます。まずは実行する処理を用意します。PoseSequenceクラスにリスト5のコードに置き換えてください。

リスト5❶は、入力を検知するキーを表示するためのテキストUIです（後ほど設定します）。❷は入力検知開始時に呼ぶ関数、❸は入力検知終了時に呼ぶ関数です。

❹は入力を検知するキーをランダムに取得する関数です。

イベントの準備

それでは用意した関数を呼ぶために準備をしていきます。まずはTimelineエディタにマーカーを表示してください（図2）。

マーカーの表示を確認したら右クリックし、「Add Siglan Emitter」を選択してください。マーカー上にSignalEmitterが生成されるはずです。作成されたSignalEmitterのインスペクタに注目してください。Create Signal Assetボタンと Add Signal Receiverボタンが表示されていますので押してみましょう。

Create Signal Assetボタンを押すと、Signal Assetを作成できます。Assets直下にSignal Assetsというフォルダを作成し、Start Detectionという名前のSignalAssetを作成してください。

Add Signal Receiverボタンを押すと、Signal ReceiverコンポーネントがPoseSequenceオブジェクトにアタッチされます。PoseSequenceクラスに用意しておいたOnStartDetection関数を登録してみましょう（図3）。

入力検知開始イベントの登録が完了しました。

続いて入力検知終了イベントも同じように登録していきましょう。先ほどはSignalEmitterのインスペクタからSignalAssetを作成しましたが、今回はプロジェクトウィンドウ上から作成する方法も試してみましょう。Assets/SignalAssetsフォルダで右クリックし、「Create > Signal」を選択してください（図4）。名前はEndDetectionとしておきましょう。

◆ 図2　マーカーの表示

第4章　実践！タイムラインを扱ってみよう

◆図3　入力検知開始イベントを登録

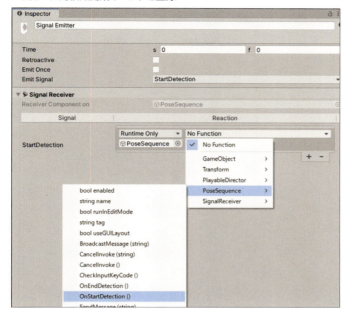

◆図4　SignalAssetの作成

作成したEndDetectionをTimelineエディタ上にドラッグしてください。EndDetectionをEmitSignalとするSignalEmitterが新たに生成されます。

インスペクタに注目すると、Add Reactionボタンが表示されているはずです。押すことで

SignalReceiverにEndDetectionに対するイベントを登録することができるようになります。PoseSequenceのOnEndDetection関数を登録してみましょう。

入力検知開始イベントに引き続き、入力検知終了イベントの準備もできました。それではこの2つのイベントを複製し、ポーズごとに交互に配置していきましょう（図5）。

これで入力検知開始と終了のイベントの登録は完了しました。

今回SignalTrack自体は使用しませんでしたが、他オブジェクトが持つSignalReceiverを指定したSignalTrackを追加することで、そのオブジェクトのイベントを登録することができます。

仕上げ

ここまでで一通りの準備が完了しました。最後にPoseSequenceクラスに入力するキーを表示するテキストUIを設定します。

ヒエラルキーウィンドウ上を右クリックし、「Create > UI > Text」を選択してください。シーン上にテキストUIが生成されます。名前はKeyCodeTextに変更しておいてください。続けてテキストUIをインスペクタから調整していきます（図6）。

まずはRectTransformコンポーネントのAnchorsを修正していきます。MinをXとYの両方を0に、MaxのXとYの両方を1にしてください。その後、Left、Top、PosZ、Right、Bottomを全て0に設定してください。

次はTextコンポーネントの修正ですが、Font Sizeを100にするだけで大丈夫です。

テキストUIの調整が完了したらPoseSequenceオブジェクトのインスペクタを表示し、PoseSequenceクラスのKeyCodeTextに先ほどのテキストUIを指定してください。

155

特集4　映像表現Timelineで 魅力的な映像を作ろう

◆図5　入力検知開始と終了イベントを配置

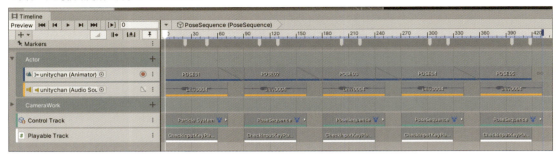

◆図6　KeyCodeTextのインスペクタ

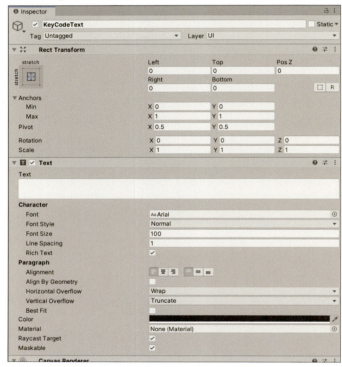

　これですべての準備が完了しました。ゲームを実行してみてください。入力検知開始イベントが呼ばれると、入力を検知するキーが左上に表示されるはずです。そのキーを入力するか、入力検知終了イベントが呼ばれるとテキストは非表示になります。

まとめ

　前章で作成したTimelineを簡単なゲーム風にアレンジしてみました。いかがでしたでしょうか。今回はゲームのようにするために必要最低限の機能しか実装していません。入力の成功時と失敗時の演出、Timeline開始時と終了時の演出などまだまだアレンジできると思われます。

　今回使用した他にも、様々な機能がTimelineには用意されています。Playable Trackではクリップの開始時や終了時にイベントを差し込めたり、SignalTrackには他のSignal Receiverを指定したりすることでイベントを追加していくこともできます。Timelineの練習として是非アレンジしてみてください。

156

特集4　映像表現Timelineで魅力的な映像を作ろう

第5章

UnityRecorderの紹介

Unityには実行中に録画する機能を持つパッケージが存在します。その名もUnityRecorderです。UnityRecorderを使用することで、作成したTimelineを録画することが可能となります。本章ではTimelineの録画方法を説明します。

UnityRecorderのインポート

UnityRecorderはパッケージマネージャーからインストールすることができます。「Window > Package Manager」を選択し、パッケージマネージャーウィンドウを表示してください。

パッケージマネージャーウィンドウからUnityRecorderを探し、右下のInstallボタンを押してインストールしてください（図1）。

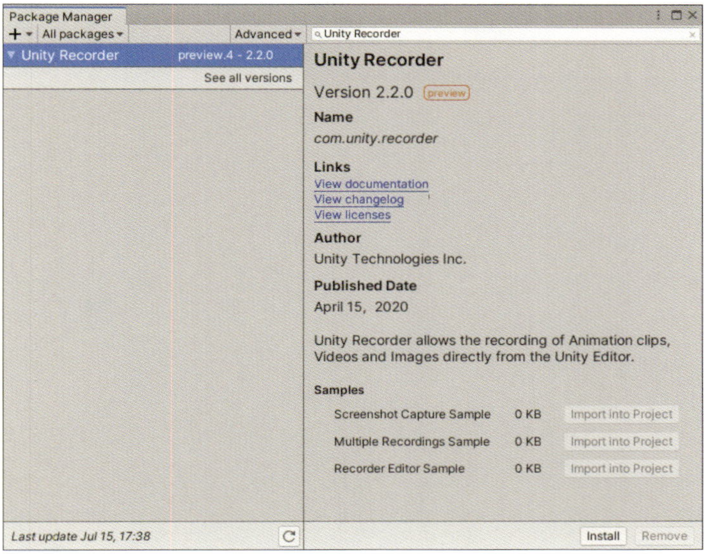

Recorder Track

インストールが完了すると、新たにRecorderTrackがTimelineエディタから追加できるようになります（図2）。

TimelineエディタにRecorder Trackを追加したら、トラック上を右クリックしAdd Recorder Clipを選択してください。生成されたRecorderClipの範囲が録画される範囲となります（図3）。

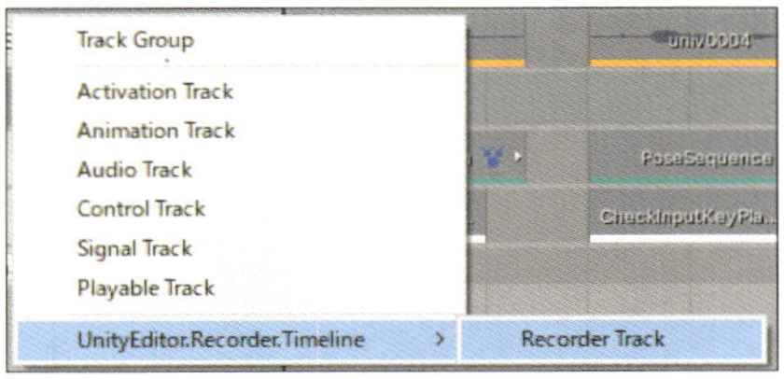

◆図1　UnityRecorderのインポート

◆図2　Recorder Track

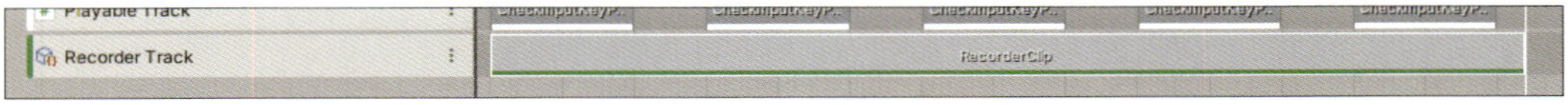

◆図3　Recorder Clip

157

特集4　映像表現Timelineで 魅力的な映像を作ろう

RecorderTrackのインスペクタ

RecorderClipのインスペクタの解説をしていきます。

◆ Selected recorder

レコードするものを選択します。実はUnity Recorderは映像の録画だけでなく、アニメーションを録画してアニメーションファイルを生成したり、音を録音しオーディオファイルとして出力したりすることもできます（表1）。

Fire Name

生成するファイルの名前を設定できます。

Path

生成するファイルの出力パスを設定できます。

Take Number

録画回数です。自動でインクリメントされていきます。

Game Object

Selected recorderがAnimation Clipの場合に表示されます。アニメーションの対象となるオブジェクトを設定できます。

Recorded Target(s)

Selected recorderがAnimation Clipの場合に表示されます。アニメーションの対象となるオブジェクトのコンポーネントを設定できます。

Record Hierarchy

Selected recorderがAnimation Clipの場合に表示されます。アニメーションの対象となるオブジェクトの子オブジェクトも録画対象とするかを設定できます。

Capture

Selected recorderがMovieま　た　はImage SequenceまたはGIF Animationの場合に表示されます。キャプチャ対象を設定できます（表2）。

Capture audio

Selected recorderがMovieまたはAudioの場合に表示されます。音も録音するかを設定できます。

Quality

Selected recorderがMovieの場合に表示されます。出力するファイルの品質を設定できます。「Low < Medium < High」の順で高品質になります。

◆表1　Selected recorde

Selected recorder	説明
Animation Clip	GameObjectに指定したオブジェクトのアニメーションをAnimationClipとして出力します
Movie	Timelineを映像ファイルとして出力します
Image Sequence	Timelineをフレーム単位でキャプチャし、画像ファイルを出力します
GIF Animation	TimelineをGIFファイルとして出力します
Audio	Timelineで再生された音を録音しオーディオファイルを出力します

◆表2　Capture

Capture	説明
Game View	ゲーム画面を録画します
Targeted Camera	指定したカメラが映している画面を録画します
360 View	360°動画として再生できるように録画します
Render Texture Asset	指定したレンダーテクスチャを録画します
Texture Sampling	指定したカメラが映している画面を指定した解像度で録画します

第5章　UnityRecorderの紹介

◆表3　GIFファイルの設定項目

GIFファイルの設定項目	説明
Num colors	色数です。最大256まで指定でき、画質とファイルサイズに比例します
Keyframe Interval	同じカラーパレットを共有するフレーム数です。画質とファイルサイズに比例します
Max Tasks	並行してエンコードするフレーム数です。大きいほどエンコード時間が短縮されます

Encoding

Selected recorderがGIF Animationの場合に表示されます。出力するGIFファイルの設定が行えます（表3）。

◆ **録画方法**

RecorderTrackを追加したTimelineが、実行中に再生されると自動で録画されます。

 まとめ

UnityRecorderを用いてTimelineを録画する方法を解説していきました。プロジェクトのビルドをすることなく、Timeline単体を外部に出力できるのはとても魅力的です。是非活用していってください。

■著者紹介
●福島光輝（ふくしま みつてる）
カプコン、コナミ、スクウェア・エニックス、DeNA で多くのゲーム開発に従事。
ファミコン時代からゲーム開発に関わり、現在もエンジニアとして友人が起業し
た会社でアプリやゲームの開発を行っている。また自身が設立した会社では教育
に力を入れており、専門学校の講師としてゲーム制作を教えている。

●山崎 駿（やまざき しゅん）
平成 11 年（1999）1 月 12 日生まれ。福島県郡山市出身。平成 31 年、日本工学院
八王子専門学校ゲームクリエイター科二年制卒業後、株式会社 FIGSE に新卒と
して入社。Unity や UE4 を用いたゲーム開発を主な業務としている。

◆本書サポートページ
　https://gihyo.jp/book/2020/978-4-297-11550-0/support
　本書記載の情報の修正／訂正／補足については、当該 Web ページで行います。

装丁・目次・本文デザイン　トップスタジオデザイン室（轟木 亜紀子）
DTP　　　　　　　　　　　トップスタジオ
編集　　　　　　　　　　　原田 崇靖

■お問い合わせについて

本書に関するご質問は記載内容についてのみとさせて頂きます。本書の内容以
外のご質問には一切応じられませんので、あらかじめご了承ください。
なお、お電話でのご質問は受け付けておりませんので、書面またはFAX、弊社
Webサイトのお問い合わせフォームをご利用ください。

〒162-0846　東京都新宿区市谷左内町 21-13
株式会社技術評論社
『最速詳解　Unity 2020　スタートブック』係
FAX　03-3513-6167
URL　https://book.gihyo.jp/116

ご質問の際に記載いただいた個人情報は回答以外の目的に使用することはあり
ません。使用後は速やかに個人情報を廃棄します。

サイソクショウカイ　ユニティ　ニセンニジュウ
最速詳解　Unity 2020　スタートブック

2020 年10 月2 日　　初版　第 1 刷発行

著　者　　ふくしまみつてる　やまざき しゅん
　　　　　福島光輝, 山崎 駿

発行者　　片岡　巌
発行所　　株式会社技術評論社
　　　　　東京都新宿区市谷左内町 21-13
　　　　　電話　03-3513-6150　販売促進部
　　　　　　　　03-3513-6160　書籍編集部
印刷所　　港北出版印刷株式会社

定価はカバーに表示してあります。

本書の一部または全部を著作権法の定める範囲を超え、無断で複写、複製、転載、
あるいはファイルに落とすことを禁じます。

©2020　TOKYO VR PLAYGROUND 合同会社

造本には細心の注意を払っておりますが、万一、乱丁（ページの乱れ）や落丁（ペ
ージの抜け）がございましたら、小社販売促進部までお送りください。送料小社
負担にてお取り替えいたします。

ISBN978-4-297-11550-0 C3055
Printed in Japan